助力"乡村振兴"养殖业实用技术丛书

奶山羊
精准饲养技术

NAISHANYANG JINGZHUN SIYANG JISHU

主　编　焦剑平
副主编　李芳娥　吴　强
　　　　李延华　任军鹏

U0307359

西北农林科技大学出版社
Northwest A&F University Press

图书在版编目（CIP）数据

奶山羊精准饲养技术 / 焦剑平主编 . —杨凌：西北农林科技大学出版社，2021.10

ISBN 978-7-5683-1022-2

Ⅰ.①奶… Ⅱ.①焦… Ⅲ.①奶山羊—饲养管理 Ⅳ.①S827.9

中国版本图书馆 CIP 数据核字（2021）第 205022 号

奶山羊精准饲养技术
NAISHANYANG JINGZHUN SIYANG JISHU

焦剑平　主编

出版发行	西北农林科技大学出版社
地　　址	陕西杨凌杨武路 3 号　　　邮　编：712100
电　　话	总编室：029－87093195　　发行部：029－87093302
电子邮箱	press0809@163.com
印　　刷	西安浩轩印务有限公司
版　　次	2021 年 10 月第 1 版
印　　次	2021 年 10 月第 1 次印刷
开　　本	787mm×1 092mm　1/16
印　　张	10.75
字　　数	161 千字

ISBN 978-7-5683-1022-2

定价：32.00 元

本书如有印装质量问题，请与本社联系

前 言 | PREFACE

地处关中平原的富平县，有着100多年的奶山羊养殖历史，现奶山羊存栏数量达78万只，位列全国奶山羊存栏之首。富平县主要饲养有莎能奶山羊和关中奶山羊两大品种，产奶量高，适应能力强，因此，也成为全国知名的奶山羊种源基地。

随着养殖数量的增加，养殖规模的扩大，对奶山羊的养殖技术要求越来越高，传统的奶山羊生产技术已经不能适应奶山羊产业快速发展的要求。特别是多年来奶山羊规模养殖产奶量低、羔羊成活率差、经济效益不理想等问题，必须要有一个全面的总结。2018年11月22日，在陕西富平召开了有史以来规模最大的关中养羊人大会，富平、临渭、三原、阎良、蒲城、泾阳、蓝田、临潼、乾县、淳化、周至、武功等500多养殖户，以及饲料公司、兽药公司和相关行业共600多人齐聚一堂，畅谈奶山羊产业。我作为特邀嘉宾作奶山羊饲养管理技术报告，提出奶山羊饲养管理的"五四定律"，为规模化奶山羊饲养管理做出正确的指导。为了更好地促进奶山羊产业的发展，我在学习与实践基础上，汲取了各方面的经验和知识，编写了这本书。

《奶山羊精准饲养技术》在编写过程中得到许多同行们的支持，有的内容也借鉴了他们的观点；同时，富平县畜牧发展中心对本书的编写工作给予了一定的鼓励和支持，在此一并表示感谢。

由于编者水平有限，有些地方可能存在不足之处，恳请广大读者提出宝贵意见和建议。

编者

2021.10.13

目 录 | CONTENTS

第三章　奶山羊的疾病防控

第四章　机械化挤奶与鲜羊奶的卫生检疫

第五章　奶山羊精准饲养实用技术

奶山羊疾病索引

第一章 奶山羊饲养管理概述

第一节 羊奶及其羊奶制品

近年来，随着我国社会经济的高速发展、人们的生活水平日益提高，同时，人们对身体健康和生活品质的要求也越来越高。在人们的日常的一日三餐中，对优质蛋白质的需求也大幅度增加。从现阶段的农产品消费市场来看，乳及乳制品是人们获取优质价廉的蛋白质的重要来源。

羊奶及羊奶制品目前作为国内市场上的第二大奶源，有着得天独厚的传统习惯和自然优势。

近年来，羊奶的宣传力度增加，人们对羊奶的认识不仅仅存在于它有多大的膻味，很重要的是认识到羊奶相对于中国人的遗传体质，有着较大的优势，这个优势来源于羊乳的自然特性。中国人60%以上缺乏乳糖分解酶，因此喝牛奶会产生乳糖不耐症，产生肚胀、肚子疼、拉肚子等不好的健康状况，而羊奶由于其乳糖颗粒小，并含有丰富的ATP（三磷酸腺苷），加速了乳糖的分解，减少了乳糖不耐症的发生，因此中国人、中国的小孩更适合喝羊奶。羊奶中的过敏蛋白$\alpha s2$-酪蛋白含量占母乳中蛋白质的$1\% \sim 3\%$，而牛奶高达50%，减少了喝羊奶过敏的风险，特别是有过敏性体质的婴儿。羊奶还具有蛋白质、脂肪颗粒小易消化吸收，乳糖颗粒小容易分解，矿物质、维生素含量丰富等特点，而且还具有一定的保健功能，是解决目前中国优质蛋白质食品来源，提高国民健康体质的最优选择。

羊乳加工经过多年的技术沉淀和学习国外的先进经验，加工技术和设备日益完善。特别是对天然母乳的研究，出品了各阶段适合中国婴幼儿营养需求的健康奶粉。乳铁蛋白、人乳低聚糖、ω-3长链不饱和必需脂肪酸的添加为婴幼儿的全面营养提供了有力保证。三鹿奶粉事件后，国家对奶粉中各项指标严格把关，特别是有害物质的检验检疫，要求甚至严于国际标准，大大提升了国产乳制品的产品力和市场竞争力，更是保证了广大消费人群的食品安全。

喝中国奶放心！喝中国羊奶健康放心！

第二节　农村适度规模养羊及规模养羊

养羊模式一直是大家不断探讨的问题，100多年来我们一直是农家小规模养殖，但随着经济社会的到来，人们不断地追求养殖效益，同时今天还要兼顾畜产品安全管理等诸多因素，养殖规模必须适应于现今的市场要求，追求养殖效益最大化是奶山羊养殖的必然趋势。

从目前的养殖模式来看：第一种是以自主劳动为特点的家庭农场模式，第二种是早期积累了一定的养殖经验和资金的中等规模养殖场，第三种是具有一定经济实力的企业（乳品加工企业）的观光牧场。下边就这几种形式的优缺点讨论一下。

第一种以自主劳动为特点的家庭农场模式，是目前富平县奶山羊养殖的基本模式，也是富平县奶山羊存栏的基础，是在传统的养殖模式下，追求规模效益的简单表现，目前存栏为50～100只，自繁自养，遗传性能较好。这部分养殖户责任心强，饲料自给率高，原料成本降低，人力成本忽略不计，会产生较好的个体效益；但基础设施、科学养殖及配套服务设施落后，养殖与加工利益矛盾突出，需要政策引导和技术支持；是实现适度规模养殖，推动家庭牧场的中坚力量；也为农村的剩余劳动力创造一个好的就业机会。

第二种是早期积累了一定的养殖经验和资金的中等规模养殖场，他们具有一定的养殖经验和原始的资金积累，已经扩展到500～1 000只的较大规模，如果再能从新技术应用和牧场管理上得到进一步加强，具有一定的发展优势，但是这样的养殖场存在很少。500～1 000只中等规模养殖场，既能体现规模效益，容易接受新技术应用理念，又能方便实施奶源安全管理，应是今后重点发展的方向。

第三种是具有一定经济实力的企业（乳品加工企业）的观光牧场。乳品企业叫自有牧场。各牧场因管理水平不同经营状态各异。

对于三种形式下的牧场，其经济效益取决于各牧场的管理效能。大家知道养殖业相对于其他行业，是需要责任心最强的一种行业，因此，牧场管理显得格外重要。在牧场管理上有一个90分理论，很能表现牧场管理的重要性。大家都知道，对于一个学生90分的成绩分不算差，假如一个牧场有五个关键环节，每个环节都完成90分，作为某一个环节可能感觉完成得不错，但是作为多环节、多部门的牧场整体，90%×90%×90%×90%×90%=0.590 49，出现0.590 49这个不及格的结果。那么管理的目的，就是让影响牧场的各个环节、各个部门必须尽最大可能100%完成任务，特别是大型牧场。

从羊乳质量、卫生、食品安全考虑，零散的饲养方式已经不能适应现在乳品行业要求，会逐渐被淘汰。

第三节　奶山羊的品种及品种选择

科学饲养，品种是先决条件，只有在选对好的品种情况下，才能在生产中创造出良好的经济效益，因此，"科学饲养，良种先行"。

目前国内有许多奶山羊品种，最具代表性的有：西农莎能奶山羊（莎能奶山羊）、关中奶山羊、文登奶山羊、吐根堡奶山羊和阿尔卑斯奶山羊。

1. 莎能奶山羊

莎能奶山羊原产瑞士（图1-1），莎能奶山羊公羊体高85厘米左右，体长95～114厘米；母羊体高76厘米，体长82厘米左右；成年公羊体重75～100千克，母羊体重50～65千克。该品种早熟、繁殖力强，繁殖率为

190%左右，多产双羔和三羔，泌乳期8～10个月，产奶量600～1 200千克，乳脂率3.8%～4.0%。

公羊　　母羊

图1-1　莎能奶山羊

2. 关中奶山羊

关中奶山羊是引进莎能奶山羊对当地奶山羊进行级进杂交，经过20多年的精心培育，与1990年9月通过国家鉴定验收的优良地方品种（图1-2）。

主要分布于关中平原，富平县为重点育种基地，是关中奶山羊主产区，有"奶山羊基地"称号。

外貌特征：关中奶山羊乳用型明显，全身被毛洁白，皮肤粉红，体格高大，体质结实，结构匀称，具有头长、颈长、体躯长、四肢长的特点。公羊外形雄伟，睾丸发育良好，富有弹性。母羊楔形明显，细致紧凑，眼大鼻直嘴齐，四肢端正，乳房质地柔软，发育良好。体尺体重：公羊初生重3.38千克，母羊初生重3.05千克；公羊8月龄体高69.8厘米，体重37.27千克，母羊8月龄体高63.41厘米，体重28.9千克；公羊成年体高87.89厘米，体重63.35千克，母羊成年体高72厘米，体重52.27千克。

生产性能：年泌乳期300天，产奶量一胎500～900千克，二胎羊700～1 000千克，三胎以上800～1 200千克，部分优秀个体最高日产可达1 800千克。

繁殖性能：母羊初情期在4～5月龄，发情季节在每年的8月至翌年的2月份，以9～10月份最多。发情周期18～21天，持续期28～34小时，初配年龄8～10月龄，怀孕期150天，产羔率160%～220%。

公羊 母羊

图1-2 关中奶山羊

3. 吐根堡奶山羊

吐根堡奶山羊原产于瑞士（与1-3），楔形体型，被毛褐色或深褐色，随年龄增长而变浅。成年公羊体高80～85厘米，体重60～80千克；成年母羊体高70～75厘米，体重45～55千克。吐根堡羊平均泌乳期287天，在英、美等国一个泌乳期的产奶量600～1 200千克。瑞士最高个体产奶纪录为1 511千克，乳脂率3.5%～4.2%。

公羊 母羊

图1-3 吐根堡奶山羊

4. 阿尔卑斯奶山羊

该羊是法国的主要奶山羊品种（图1-4），占法国奶山羊饲养量的60%以上，该品种是由法国的本地品种与瑞士引进品种杂交选育而成，主要分布在法国南部的阿尔卑斯地区。该品种毛色不一，以白色为主，头部为黑色或棕色，典型特征是头部中间有一条白色带。除白色外，还有棕色、黑色及黑白、棕白花斑色。该品种体型中等，乳房形状呈椭圆形，非常适宜于机器挤奶。

公羊　　　　　　　　　　　　　　　　　母羊

图1-4　阿尔卑斯奶山羊

每一个品种都有不错的生产性能，因为生长环境的不同、营养供给情况和具体的饲养管理决定了其生产性能的表现。陕西关中地区以西农莎能奶山羊和关中奶山羊为主，这两个品系都有非常不错的生产性能、地方适应性和抗病能力强等特点。多年来，在一大批专家和广大养殖爱好者的精心选育下，品种的遗传性状得到很大的提升。其中民间选育造就了很多高产冠军，有连续三天单产7.5千克、7千克以上的优秀个体。在这里我要特别告诉大家的是，近几年由于羊奶市场的升温，外地来陕西调运奶山羊的客商很多，同时也促进了陕西奶山羊市场的繁荣，但是，我在牧场调研中发现很多牧场为了一时的利益，把羊群中遗传性能好的个体，以高价全部让客商挑选拉走，丢失了好的基因，对牧场的可持续发展造成很大的损失。

一个好的基因得之不易，一个牧场要经过3～5年的时间才能筛选出好的整齐的羊群，这些优秀的个体，是羊群的希望和未来，值得珍惜。

那么在品种选择上，我们要以关中奶山羊和西农莎能奶山羊为主，可以兼顾吐根堡奶山羊和阿尔卑斯奶山羊等其他品系的饲养，发现其在同等条件下的表现，得出自己的结论。

第四节 奶山羊的营养

一、奶山羊的营养需求

奶山羊的营养需求包括生长需求、繁殖需求、产奶需求、防疫需求和抗应激需求等。因此，奶山羊必须从饲草饲料中获取足够的干物质，包括能量、蛋白质、脂肪、维生素、微量元素、矿物质、纤维素、水和一些营养活性物质来满足。

1. 干物质的进食量

干物质就是饲料中除水分以外的其他物质的总称，干物质是作为水之外的所有营养因素的载体，更多的干物质意味着更多的营养摄入，因此，干物质采食量是大多数奶山羊的第一限制性营养因素。采食量是配合奶山羊日粮的一个重要指标，它对奶山羊的健康和生产至关重要。预测干物质进食量可有效地防止奶山羊的过食和不足，提高营养物质的利用率。如果营养摄入不足，不仅会影响奶山羊的生产水平，而且会影响奶山羊的健康；相反，如果营养物质过多，导致过多的营养物质排放到环境中，这样不仅会造成饲料浪费，而且提高了饲养成本，影响健康，增加代谢疾病发生率。在很多地方，干物质是限制羊场整体生产性能的因素，据实验表明，奶山羊每增加1千克干物质摄入，羊奶产量将增加约2千克。

奶山羊的干物质需求推荐值：

高产奶山羊的干物质进食量占到体重的3.5%～4.0%；

中低产奶山羊干物质进食量占到体重的3.0%～3.5%；

干奶期奶山羊干物质进食量占到体重的2.5%～3.0%。

在实际操作中要根据不同生理阶段、产奶量、食欲、粪便、采食量、体况来不断调整，以达到最佳。

2. 能量需要

奶山羊的能量需要可分为维持、生长、妊娠和泌乳几个部分。能量不足和过剩都会对奶山羊造成不良影响。如果能量供应不足，青年奶山羊生长发育就会受阻，初情期就会延长，泌乳奶山羊如果能量供给低于产奶需要时，不仅产奶量降低，泌乳奶山羊还会消耗自身营养转化为能量，维持生命与繁殖需要，严重时会引起繁殖功能紊乱。能量过多会导致奶山羊肥胖，奶山羊会出现性周期紊乱，难孕、难产等；还会造成脂肪在乳腺内大量沉积，妨碍乳腺组织的正常发育，影响泌乳功能而导致泌乳量减少。

3. 蛋白质的需要

蛋白质是构成细胞、血液、骨骼、肌肉、激素、乳、皮毛等各种器官组织的主要成分，对奶山羊的生长、发育、繁殖和生产有着重要的意义。当饲料中的蛋白质供应不足时，奶山羊的消化机能减退，表现为生长缓慢、繁殖机能紊乱、抗病力下降、组织器官和结构功能异常，严重影响奶山羊的健康和生产。

4. 粗纤维的需要

饲料中的粗纤维对反刍动物的营养意义特别重要。饲料粗纤维的分析指标常用的是粗纤维（CF）、酸性洗涤纤维（ADF）和中性洗涤纤维（NDF），而表示纤维的最好指标是中性洗涤纤维。奶山羊是草食家畜，日粮中必须需要一定量的植物纤维，日粮中纤维不足或饲草过短，将导致奶山羊消化不良，瘤胃酸碱度升高，易引起酸中毒、蹄叶炎，并可使奶山羊的乳脂率下降等。如果日粮中植物粗纤维比例过多，则会降低日粮的能量浓度，减少奶山羊对干物质的采食量，同样对奶山羊产生不利。其主要原因是：一是粗纤维不易被消化且吸水量大，可起到填充肠胃的作用，给奶山羊以饱腹感；二是粗纤维可刺激瘤胃壁，促进奶山羊瘤胃蠕动和反刍，保持乳脂率。

奶山羊日粮中要求至少含有15%～17%的粗纤维。一般高产奶山羊日粮中要求粗纤维超过17%，干乳期和妊娠末期奶山羊日粮中的粗纤维为20%～22%。用中性洗涤纤维表示，奶山羊日粮中中性洗涤纤维在28%～35%之间最理想。在实际生产中，奶山羊日粮干物质中精料的比例不要超过60%，这样才可提供足够数量的粗纤维。

5. 矿物质的需要

根据矿物质占动物体比例的大小，可将奶山羊需要的矿物质分为常量元素和微量元素。矿物质占动物体比例在0.01%以上的为常量元素，包括钙、磷、钠、氯、镁、钾、硫；矿物质占动物体比例低于0.01%的为微量元素，包括铜、铁、锌、锰、钴、碘、氟、铬等。

（1）钙和磷的需要

钙是奶山羊需要量最大的矿物质元素，特别是对泌乳奶山羊。奶山羊体内98%的钙存在于骨骼和牙齿中，其余的存在于软组织和细胞外液中。钙除了参与形成骨骼与牙齿以外，还参与肌肉的兴奋、心脏节律收缩的调节、神经兴奋的传导、血液凝固和羊奶的生产等。钙的缺乏会导致奶山羊产奶量下降、采食量下降，出现各种骨骼症状，如幼龄动物患佝偻病，成年动物患软骨症，奶山羊患乳热症（产后瘫痪）。

磷除了参与机体骨骼的组成外，还是体内许多生理生化反应不可缺少的物质，若磷摄入不足，动物患佝偻病，成年动物患软骨症，生长速度和饲料利用率下降，食欲减退、异食癖、产奶量下降、乏情、发情不正常或屡配不孕等。

奶山羊每天从奶中排出大量钙、磷，由于日粮中钙、磷不足或者钙、磷利用率过低而造成奶山羊缺钙、磷的现象较常见。日粮的钙、磷配合比例通常以1~2:1为宜，即维持需要按每100千克体重供给6克钙和4.5克磷；每千克标准乳供给4.5克钙和3克磷可满足需要。培育期维持需要按每100千克体重供给6克钙和4.5克磷；每增重1千克供给20克钙和13克磷可满足需要。

（2）食盐的需要

食盐主要由钠和氯组成。钠和氯主要分布于细胞外液，是维持外渗透压、酸碱平衡和代谢活动的主要离子。奶山羊缺食盐会产生异食癖、食欲不振、产奶量下降等症状。食盐的需要量占奶山羊日粮干物质进食量的0.46%或按配合料的1%计算即可。非产奶奶山羊按日粮干物质进食量的0.25%~0.3%计算。奶山羊维持需要的食盐量约为每100千克体重供给3克，每产1千克标准乳供给1.2克。

6. 维生素的需要

维生素分为脂溶性和水溶性两大类。脂溶性包括维生素A、维生素D、维生素E和维生素K，水溶性包括维生素B族和维生素C。维生素是奶山羊维持正常生产性能和健康所必需的营养物质，具有参与代谢免疫和基因调控等多种生物学功能。维生素的缺乏会导致各种具体的缺乏病，严重影响奶山羊的正常生产性能。一般对于奶山羊仅补充维生素A、维生素D、维生素E即可，维生素K可在瘤胃合成，而水溶性维生素瘤胃微生物均能合成。研究显示，在现代奶山羊生产体系中，仅依靠瘤胃合成某些水溶性维生素不能够满足高产奶山羊的需要。

（1）维生素A

维生素A对奶山羊非常重要，它与视觉上皮组织、繁殖、骨骼的生长发育，皮质酮的合成及稳定脑脊髓液压都有关系。维生素A缺乏症表现为上皮组织角质化、食欲减退，随后而来的是多泪、角膜炎、干眼病（眼干燥症），有时会发生永久性失明，妊娠母羊维生素A缺乏会发生流产，早产胎衣不下，产出死胎、畸形胎儿或瞎眼羔羊。

奶山羊所需的维生素A，主要来源于日粮中的β-胡萝卜素，植物性饲料中含有维生素A的前体物质β-胡萝卜素，可在动物体内转化为维生素A，但一般情况下转化率很低，一般新鲜幼嫩牧草含的β-胡萝卜素较老的多，β-胡萝卜素在青绿牧草干燥加工和贮藏过程中易被氧化破坏，效价明显降低。而且植物性饲料的维生素A含量受到植物种类成熟程度和贮存时间等多种因素的影响，变异幅度很大。因此，在大多数情况下，尤其是在高精料日粮、高玉米青贮日粮、低质粗日粮、饲养条件恶劣和免疫机能降低的情况下，都需要额外补充维生素A。

实际日粮中的胡萝卜素含量变化很大，而且在实际生产中根本也无从知道饲粮中胡萝卜素的实际含量。

特别在下列条件下应该着重考虑补充额外的维生素A：

① 低粗料饲粮：长期饲喂低粗料饲粮的奶山羊只，其瘤胃对维生素A的破坏程度更高，胡萝卜素的摄入量更少。

② 以大量青贮玉米和少量牧草为主的饲粮：这种饲粮中胡萝卜素的含

量很少。

③饲喂劣质粗料的饲粮：日粮中胡萝卜素含量很少。

④处于围产期的奶山羊：该时期奶山羊的免疫活性降低，免疫系统对维生素A需要量增大。

（2）维生素D_3

维生素D_3是产生钙调控激素1，25-二羟基维生素D_3的一种必须前体物，这种激素可提高小肠上皮细胞转运钙、磷的活性，并且增强甲状旁腺激素的活性，提高骨钙吸收，对于维持体内钙、磷状况稳定，保持骨骼和牙齿的正常具有重要意义。1，25-二羟基维生素D_3还与维持免疫系统功能有关，通常促进体液免疫而抑制细胞免疫。维生素D_3的基本功能是促进肠道钙和磷的吸收，维持血液中钙、磷的正常浓度，促进骨骼和牙齿的钙化。维生素D_3缺乏会降低奶山羊维持体内钙、磷平衡的能力，导致血浆中钙、磷浓度降低，使幼小动物出现佝偻病，成年动物出现骨软化，在幼小动物中，佝偻病导致关节肿大疼痛。成年动物中，跛足病和骨折都是维生素D_3缺乏的常见后果。

由于奶山羊对维生素D_3的需要量很难界定，通常认为奶山羊采食晒制干草和接受足够太阳光照射的条件，就不需要补充维生素D_3，青绿饲料、玉米青贮料和人工干草的维生素D_3的含量也较丰富，但给高产奶山羊和干奶期奶山羊补充维生素D_3，可提高产奶量和繁殖性能。

（3）维生素E

维生素E的生理功能主要是作为脂溶性细胞的抗氧化剂、保护膜，尤其是亚细胞膜的完整性，增强细胞和体液的免疫反应，提高抗病力和生殖功能。白肌病是典型的维生素E临床缺乏病，繁殖紊乱，产褥热和免疫力下降等问题也与维生素E存在不同程度的关系。当硒充足时，给干奶期的奶山羊添加维生素E，可降低胎衣不下、乳腺感染和乳房炎的发生率。

由于影响维生素E的因素较多，在实践生产中，可根据下列情况调整维生素E的添加量：

①饲喂新鲜牧草时减少维生素E的添加量。当新鲜牧草占日粮干物质

的50%时，维生素E的添加量较饲喂同等数量贮存饲草的量低67%；

② 当饲喂低质饲草日粮时，维生素E的添加量需要提高；

③ 当日粮中硒的含量较低时，需要添加更多的维生素E；

④ 由于初乳中α-生育酚含量较高，故在初乳期需要提高维生素E的添加量；

⑤ 免疫力抑制期（如围产前期），需要提高维生素E的添加量；

⑥ 当饲料中存在较多的不饱和脂肪酸及亚硝酸盐时，需要提高维生素E的添加量；

⑦ 大量补充维生素E，有助于降低羊奶中氧化气味的发生。

（4）维生素K

维生素K具有抗出血作用，正常情况下，奶山羊瘤胃内微生物能合成大量的维生素K。

（5）水溶性维生素

瘤胃微生物能合成大部分的水溶性维生素（生物素、叶酸、烟酸、泛酸、维生素B_6、核黄素、维生素B_1、维生素B_{12}），而且大部分饲料中这些维生素含量都很高，羔羊哺乳期间的水溶性维生素需求可以通过羊奶满足。

7. 水的需要

水是奶山羊的最重要的营养素。生命的所有过程都需要水的参与，比如维持体液和正常的离子平衡，营养物质的消化吸收和代谢，粪尿和汗液的排出，体热的散发等都需要水。

奶山羊需要的水来源于饮水、饲料中的水以及体内的代谢水。其中以饮用水最为重要，而奶山羊的饮水量受产奶量、干物质进食量、气候条件、水质等多种因素影响。所以为保证奶山羊的饮水量，我们要做到以下几点：

① 充足的饮水量，一般采取自由饮水；

②优质的水源，即饮水必须是干净、无污染的；有条件的同时要测试水的质量、盐分、可溶固形物及可溶性盐、硬度、硝酸盐、pH值（6.5～8.5）、污染物、细菌含量等。

③ 合理的饮水环境和条件，如水温，饮水器附近的地面要平坦、宽敞、舒适等。

二、奶山羊营养物质消化吸收

1. 能量饲料消化吸收

（1）碳水化合物消化吸收

碳水化合物分为非结构性碳水化合物和结构性碳水化合物。

非结构性碳水化合物主要是淀粉和糖，它们主要在瘤胃中被微生物发酵形成丙酮酸再转化为丙酸，然后被瘤胃壁吸收进入血液和肝脏，合成葡萄糖供机体利用。还有一部分淀粉和糖被乳酸菌发酵成乳酸，大量的乳酸不能被吸收，也不能被转化利用，就会造成瘤胃中的pH值下降，瘤胃酸度升高，甚至会发生瘤胃酸中毒，因此不能单一利用非结构性碳水化合物为奶山羊提供能量（图1-5）。

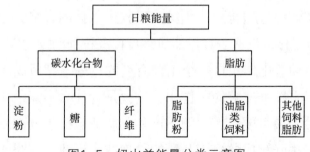

图1-5 奶山羊能量分类示意图

结构性碳水化合物主要是半纤维素和纤维素，在反刍兽瘤胃中被微生物消化分解为乙酸、丁酸等挥发性脂肪酸，然后被瘤胃吸收进入肝脏和乳腺组织。乙酸、丁酸是合成羊奶中乳脂的前体物质；同时丁酸可为奶山羊机体组织细胞提供快速且易于吸收的能量来源，尤其是肠细胞偏爱的能量来源。要想提高羊奶中的乳脂率，必须增加结构性碳水化合物——粗饲料的供给（图1-6）。

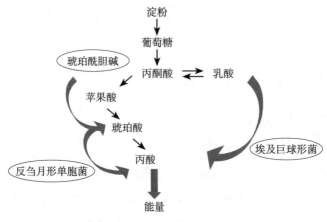

图1-6　乳酸丙酸转化图

（2）脂肪的消化吸收

反刍动物饲料中的脂肪酸以18个C原子的不饱和脂肪酸（UFA）为主，其次是16个C原子的饱和脂肪酸（SFA）。当反刍家畜日粮中的油脂进入瘤胃后，瘤胃中的微生物能分泌酯解酶将其水解为游离脂肪酸，饱和的游离脂肪酸经过瘤胃到达小肠被吸收进入体内，绝大多数UFA在瘤胃被微生物所氢化，仅有少数量能最终直接沉积到动物的肉、奶中。

另外，生物氢化作用是一个比较有利的过程，其可以减少潜在不饱和脂肪酸对瘤胃纤维发酵的副作用，这就是为什么不能给奶山羊饲喂大量游离植物油的最主要原因，即不饱和脂肪酸对微生物消化纤维的副作用。日粮中脂类降解成游离脂肪酸的过程非常迅速，有时比生物氢化作用还快，这样产生大量的不饱和脂肪酸能过度压制生物氢化过程，从而导致瘤胃正常微生物菌群发生改变。在生物氢化作用过程中，会产生含有反式双键的中间产物，其中一个是共轭亚油酸（CLA），该物质因具有潜在抗癌和保健作用而受到医疗界的关注，还有一些从瘤胃中排出反式中间产物被转化为体脂和乳脂。而在瘤胃低pH值情况下，饲喂大量谷类饲料或没有足够有效纤维等都会产生不尽相同的反式中间产物（反式脂肪酸），尤其是反式双键大多位于C10-11上，一些替代物能强有力地抑制乳脂合成，所以可能出现低乳脂（乳脂合成下降）。这也就是在瘤胃高精料时乳脂率下降的又一原因（反式脂肪酸抑制了瘤胃微生物利用瘤胃发酵产生的挥发性脂肪酸合成自身生长的所需脂肪酸）。

2. 蛋白质饲料的消化吸收

反刍家畜饲料蛋白根据在瘤胃内的代谢不同分为两类，既降解蛋白和非降解蛋白。前者被分解为氨、肽类和氨基酸等小分子含氮物，用以合成微生物自身的菌体蛋白，这部分饲料蛋白就称为瘤胃降解蛋白（RDP）。菌体蛋白进入皱胃和小肠，被肠道中的消化液消化后，再被小肠吸收供奶山羊利用。大多数饲料在瘤胃中的降解率为50%～80%，而动物吸收的氨基酸有60%～70%来自瘤胃微生物合成的菌体蛋白。

在瘤胃中未被降解的饲料蛋白，越过瘤胃直接到达皱胃和小肠，称过瘤胃蛋白（RUP）。这部分蛋白质进入皱胃和小肠后，被其中的消化酶降解为短肽、氨基酸等小分子，被小肠吸收。一般饲料中，大约有40%的蛋白质不在瘤胃中降解，而进入真胃和小肠。

瘤胃内既有蛋白质的分解，又有蛋白质的合成。瘤胃内蛋白质降解的有利因素，一方面，能将品质差的蛋白质转化为生物价值高的菌体蛋白；另一方面，也能将尿素等非蛋白氮转化为菌体蛋白。

但不利的一面是饲料蛋白通过瘤胃被微生物分解形成大量的氨而损失，除10%氨可以通过唾液循环被重新利用外，其他的将通过肝脏合成尿素经肾脏排出，特别是对于一些优质蛋白质原料。如果过瘤胃蛋白质利用率按85%计算，那么通过转变为菌体蛋白再经过肠道吸收，其利用率只有50%左右，所以，必须设法降低优质蛋白质和合成氨基酸在瘤胃中的降解度。

奶山羊对饲料蛋白质利用的这种特点对奶山羊有重要的生理意义。一方面，饲料中需要保证含有一定量的降解蛋白质，以作为瘤胃微生物合成菌体蛋白的原料，满足瘤胃微生物增殖的需要，促进其对其他饲料营养的吸收利用。另一方面，应当保证饲料中有一定比例的过瘤胃蛋白，使它们不被瘤胃微生物所降解，而在真胃和肠道直接分解，减少由于蛋白质"二次转化"（即"降解——合成菌体蛋白——再降解"）造成的营养利用效率的降低，提高蛋白质的有效利用率。这对处于蛋白质负平衡的高产奶山羊特别重要。

常见蛋白质原料过瘤胃值分类如下：

① 过瘤胃值低（＜40%）的原料：豆粕、花生粕等；

② 过瘤胃值中等（40%～60%）的原料：棉粕、亚麻粕、DDGS、苜蓿粉等；

③ 过瘤胃值高（＞60%）的原料：全棉籽、鱼粉、血粉、肉粉、羽毛粉等。

增加过瘤胃蛋白质的处理方式：

① 热处理，豆粕、棉粕、菜籽粕经过热榨工艺蛋白质的降解率降低；

② 甲醛处理，甲醛对蛋白质有保护作用，在瘤胃中降解率明显下降；

③ 鞣酸处理，抑制蛋白质的分解，促进氮的利用。

第五节　奶山羊养殖的"五四定律"

奶山羊的规模化饲养不比过去传统的少量饲养。规模的扩大，传统的养羊方法已经不能满足现代牧场技术需求。因此，正确利用更多系统的科学理论来指导大规模奶山羊的养殖，使其在品种选择、营养调控、日常管理、疾病防疫和产品加工方面，遵循科学的方法，是十分迫在眉睫的任务。

针对目前奶山羊养殖过程中存在的问题，特别是在实际操作过程中，哪些做对了，哪些做错了，笔者从实践中总结出来奶山羊日常管理的"五四定律"，可帮助养殖户正确地掌握养好奶山羊的方法。

所谓"五四定律"，就是如何做好"五个比例"，包括"能蛋比、钙磷比、精粗比、青绿饲草干草搭配比和干湿比"；在管理过程中怎样避免"四个被动"，即"被动饮水、被动采食、被动休息和被动淘汰"，指导大家科学养羊。

一、奶山羊饲料的能蛋比

（一）能量和蛋白对家畜的重要意义

饲料的能量和蛋白是奶山羊除了水以外最重要的两个营养素，它们在奶山羊的维持、生长、泌乳、繁殖等生命活动中能否达到协调统一，直接影响饲料的整体效率和奶山羊正常的生命活动。但在现实的奶山羊养殖生产中，两者不平衡的现象普遍存在，尤其是高蛋低能引发的一系列不良后果。

能量需要：能量是一切生命活动及生产过程的基础。能量是奶畜的第一需要，如果能量采食量不足，则奶畜的生长及生产受阻，其他养分的利用率也降低。依据消化生理及代谢特点，奶畜的能量主要来自纤维素性饲料（即粗饲料），其不足的部分通过混合精料补充，因此，通常将粗饲料（包括青绿饲料、青贮饲料、干草等）称为奶畜的基础饲料，将混合精料称为精料补充料。

蛋白质需要：奶畜的生活和生产所需的蛋白质来自日粮过瘤胃蛋白（UDP）和瘤胃微生物蛋白（MCP）。

奶畜所食日粮蛋白质，一部分在瘤胃中被微生物降解，并合成MCP，供奶畜消化、吸收，还有一部分可以躲过瘤胃中微生物对其的分解，直接通过瘤胃进入真胃，成为UDP。低品质的蛋白质（如NPN）在瘤胃中降解合成MCP，改善了奶畜的蛋白质营养状况，这是瘤胃微生物对宿主贡献之一，而高品质的蛋白质在瘤胃中降解，可能会造成氮素和能量的损失，因而在实践中，应采取保护或代谢调控的手段，尽可能地避免高品质蛋白饲料的降解。

1. 奶山羊能蛋平衡的概念

奶山羊能蛋平衡是奶山羊从日粮中获取的可利用的能量和蛋白之间的平衡，也可以说是碳和氮（C-N）的平衡。它的基本意义是：奶山羊在一定的代谢水平基础上，日粮所提供的能量和蛋白达到了最高利用率，并同时满足了奶山羊在这个代谢水平对能量和蛋白的需求量而没有节余。

奶山羊在某个代谢水平上的能蛋平衡至少在两个方面得到考虑：

① 对整个机体，日粮可利用的能量和蛋白总量与机体需求总量基本一致；

② 在瘤胃内降解蛋白（RDP）与可发酵有机质（FOM）的协同作用。后者对奶山羊的能蛋平衡具有更为重要的意义。

瘤胃能蛋平衡（RENB）=FOM评定的MCP量−RDP评定的MCP量。

式中：FOM——饲料可发酵有机质；

　　　　MCP——瘤胃微生物蛋白；

　　　　RDP——瘤胃降解蛋白。

当公式结果等于0时，说明瘤胃能蛋平衡；小于0时，说明能量不足，应控制RDP量或增加FOM量；大于0时，说明能量有余，可增加RDP量或控制FOM量。

增加或减少FOM或RDP的量应根据奶山羊的实际生产水平来确定。在现实生产中，高、中产奶山羊往往出现瘤胃能蛋负平衡。

2. 能氮平衡的计算

当瘤胃内的发酵有机质产生的瘤胃内菌体蛋白与饲料中含有的可降解蛋白的值相等时，那么在这个时期、这个代谢水平下的能量和蛋白达到平衡（图1-7）。

FOM/1 000×136-RDP

=0　说明能氮平衡

>0　说明饲料中的能量高了；

<0　说明饲料中的蛋白含量高了。

1 000克发酵有机质（FOM）可以生成136克瘤胃内降解蛋白（RDP）。

图1-7　瘤胃内能氮平衡模拟图

总结：结合算法和图，我们可以理解，反刍家畜的能氮平衡，一是可发酵有机质产生的菌体蛋白量（MCP），须等同于饲料中所含的可降解蛋白（RDP）的量；二是可发酵有机质发酵的速度要同瘤胃中蛋白质降解的速度相匹配；三是瘤胃内微生物繁殖生长速度与饲料的发酵降解速度的匹配；这样决定了瘤胃内菌体蛋白最大生成量。

3.影响能氮平衡的因素

①日粮颗粒的大小，饲料颗粒的大小直接影响降解速率和流通速率；

②日粮的精粗比例，较高的精粗比例RDP随之较高；

③饲料的物理特性，谷物饲料经膨化处理降解速率会提高，豆类饲料经膨化、糖化处理会降低RDP比例，对纤维类饲草碱化处理，可提高在瘤胃内的降解率；

④RDP与FOM在瘤胃的降解速率。两者如能依照平衡点同速降解一般能获得最大量的MCP，如大麦与棉粕的配合。非蛋白氮、糖类的添加可能导致平衡上的不平衡，包括瘤胃微生物生长速度。

（二）能氮比失调的危害

1.高氮日粮的危害

这个问题主要发生在泌乳期。当奶山羊从精料和优质苜蓿中获取大量的蛋白质的时候，如果同时获取与之相匹配的能量，奶山羊除了满足自身的生命活动需要外，其他的蛋白将转化为羊奶、妊娠所需。反之，当奶山羊获得的能量不足时，将发生一系列代谢问题。

（1）日粮高氮消耗宝贵的能量，加剧能量负平衡

大多数的高氮日粮可提供大量的瘤胃降解蛋白（RDP）。RDP在瘤胃降解后，在能量的配合下合成菌体蛋白，供机体利用。但过多的RDP，除10%可以通过唾液循环被重新利用外，其他的RDP将通过肝脏合成尿素经肾脏排出。这一代谢过程需要消耗能量，使本身不足的能量供给雪上加霜，加剧能量负平衡的发生。

（2）高氮日粮可引起高尿素氮血症

当过多的蛋白降解物—氨在肝脏合成尿素，大量的尿素经血循环到达全身时，就形成高尿素氮血症。高尿素氮血症可以使早期胚胎死亡，降低繁殖率；亦有可能促进卵巢囊肿的发生，影响发情。当血液高尿素氮经过乳腺时，可使乳汁的尿素氮增加，造成羊奶品质下降。

（3）高氮日粮可引起乳蛋白的下降

常常看到一些养殖户，在乳蛋白下降时怀疑日粮中的蛋白不足，于是添加一些高蛋白饲料试图改善，但往往事与愿违。这说明乳蛋白下降的原因不是日粮蛋白不足，而可能是日粮蛋白过高，消耗了过多的能量，导致能量不足的结果。这可以通过保持日粮蛋白不变，添加谷物或其他易发酵饲料能使乳蛋白回升得到佐证。

（4）高氮日粮也可造成过瘤胃蛋白过高

有些人喜欢"过瘤胃"，对高产奶山羊饲喂大量的优质蛋白，使过瘤胃蛋白超过奶羊所需。奶山羊等反刍动物能将大量的RDP转化为优质的菌体蛋白供机体利用，菌体蛋白可以提供机体所需代谢蛋白（MP）的50%～80%。只有当高产的奶羊获取的菌体蛋白（MCP）不能满足产奶需求时，才需要一定的过瘤胃蛋白（RUP）作为补充。当RUP量超过所需时，将引起消化系统紊乱，如腹泻（肠道大量的蛋白质为有害菌生长繁殖提供营养），进而影响营养物质的消化吸收。

2. 低氮日粮的危害

这个问题主要发生在干奶期和培育期，它对奶羊的影响非常大。

（1）培育期的低氮日粮，对青年羊发育非常不利。青年时期奶羊的乳腺组织处于快速的发育期，需要足够的蛋白及其衍生的激素来促进乳腺组织的发育；骨骼支架的发育和肌肉蛋白的沉淀同样需要大量的蛋白质。此时蛋白不足，将使乳腺组织发育不全，影响终身产量；增加养殖成本，同样对奶羊的终身产量造成负面影响。

（2）干乳期的低氮日粮，对下一个泌乳期的产量影响更大。在干乳期，奶羊需要足够的蛋白质修补乳腺组织和增强自身免疫力以及供胎儿发育需要。低氮日粮可能使胎儿发育不良，产生弱胎，甚至死胎，影响良种繁育。低氮日粮直接影响乳腺组织修复，使下一个泌乳期的产量受损；同时也会影响到奶山羊的抵抗力，导致分娩前后（围产期）易患乳房炎。

3. 低能日粮的危害

（1）低能日粮导致奶山羊的能量负平衡，直接表现为体况下降和泌乳量下降。

（2）奶山羊对能量负平衡的调节是通过动用体脂来进行补偿的。大量的体脂进入血液会引起脂肪的代谢障碍。其中间的代谢产物——酮体蓄积导致高酮血症，进而引起严重的代谢障碍和发生酮病。长期的高脂血症侵害肝脏功能，造成脂肪肝，使肝脏的解毒和合成能力下降或丧失。

（3）低能日粮使奶山羊卵巢活动减弱，发生卵巢静止，持久黄体，严重地影响了奶山羊的繁殖能力。

（4）低能日粮使奶山羊的泌乳持续力下降。当日粮提供的能量不足，且奶山羊本身代谢不利时，奶山羊的泌乳性能将严重受挫。尤其是到了泌乳中期奶山羊的体储骤降，这种情况危害更甚，可能导致奶山羊被迫淘汰或恶病质，甚至死亡。

4. 高能日粮的危害

高能日粮的危害不会发生在泌乳的早期和中期，在泌乳的早期和中期，高能日粮有利于奶山羊复膘和稳产。但在奶山羊的培育期（青年羊）和干奶期却带来很多危害。

（1）培育期（青年羊），尤其是青春前期的高能日粮将使脂肪沉积在乳腺组织，形成"肉乳房"，产后中看不中用。在青年羊怀孕后，由于具有一定的体成熟和体格，加上孕酮（黄体酮）和雌激素的作用，干物质采食量大增，过多的能量供给易导致胎儿过大，发生难产。已到适配月龄和体重的羊，具备一定的脂肪储备，有利于其发情受孕，但过肥则引起内分泌紊乱，不利于配种繁殖。

（2）干奶期的高能日粮有复膘的作用，但能量的利用效率降低。在泌乳的末期复膘，能量的转化率比干奶期高。干奶期的高能日粮还可导致奶山羊的肥胖（要求体况3.5分而不是过肥），也可使奶山羊怀孕后期易发生高酮血症——妊娠毒血症。

二、奶山羊饲料的钙磷比

（一）钙磷对动物的重要性

1. 钙磷对动物的营养作用

（1）钙磷是动物骨骼和牙齿的重要组成部分。

（2）钙能调节肌肉和神经的兴奋性，能激活或抑制多种酶的活性，钙还有自身营养调节功能，在外源钙供给不足时，沉积钙（特别是骨骼中）可大量分解供代谢循环需要，此功能对产蛋、产奶、妊娠动物十分重要。

（3）磷在动物体内较其他元素有更多的已知功能。除与钙或碳酸盐构成增强骨骼和牙齿坚硬度的化合物外，在身体的每个细胞中都有磷。它是ATP和磷酸肌酸的组成成分，参与体内能量代谢，磷以磷脂的方式促进脂类物质和脂溶性维生素的吸收，磷以磷酸根的形式参与糖、脂肪和蛋白质的代谢，血中的磷酸盐同时还是动物体内的重要的缓冲物质，参与维持体内酸碱平衡。

2. 日粮中钙磷不足的后果

如果日粮中长期缺乏钙磷，家畜会患钙磷缺乏症。其主要表现为以下几方面：

①食欲下降，异食癖；

②生长动物生长缓慢或停滞；

③生产动物的生产力下降、肉用动物日增重减轻、泌乳动物的泌乳量减少、蛋鸡产蛋率和孵化率下降、母鸡软壳蛋增多等；

④幼龄动物钙磷缺乏，易患佝偻病；

⑤成年动物钙磷缺乏患骨软症，此症易发生于妊娠后期与产后母畜、高产的奶牛和奶羊、产蛋鸡；缺磷可导致母牛、母羊生产力下降、繁殖能力减弱（不发情、受精率低、泌乳期短等症状）；

⑥母畜日粮缺钙，可导致骨软化和骨质疏松，繁殖力下降；怀孕母畜缺钙常导致胎儿发育受阻甚至死胎，并引起产后瘫痪；

⑦种公畜缺钙，可导致精子活力下降，精液中死精子的数量增加，精子的受胎率下降。

3. 日粮中钙磷过量的危害

高钙影响磷、镁、铁、碘、锰、锌等元素的吸收而出现缺乏症，高钙可导致缺锌产生皮肤不完全角化症。妊娠后期饲喂高钙日粮，乳热症发生率升高。高钙可引起家禽内脏通风。奶牛和奶山羊日粮中高钙会抑制瘤胃微生物作用，使日粮消化率降低。

铁、镁或铝含量过多，由于形成不溶解的磷酸盐而妨碍磷的吸收。

日粮中的钙和磷主要在小肠的上段，特别是十二指肠被吸收。吸收的数量决定于：钙、磷的来源，钙磷的比例，肠内的pH值，乳糖的摄入量以及日粮钙、磷、维生素D_3、铁、铝、锰和脂肪的水平。

（二）影响动物对钙磷吸收的因素

1. 日粮中钙磷不平衡

在饲喂过程中不注意钙、磷供应，饲喂高钙低磷或低钙高磷饲料，使饲料中的钙磷绝对量不足，导致机体不能摄取所需的钙、磷，其结果必将引起钙磷不足而发生代谢障碍。

2. 日粮中的钙磷比例不当

钙磷的吸收，不仅决定其含量，还与其之间的比例有关。饲养实验证明，各种动物正常肠道对钙、磷的吸收都有一个最佳比例，当日粮中钙、磷比例大于或小于最佳比例时，都可能造成钙、磷的代谢障碍（牛羊的最佳比例：1.3～2∶1）。

3. 维生素D_3缺乏

维生素D_3主要影响钙、磷的吸收以及在骨骼中的沉积。维生素D_3促进钙在小肠的吸收，缺乏维生素D_3会使大量的钙从粪便中排出。

4. 动物机体的健康状况不佳

（1）甲状旁腺机能亢进：在骨中，破骨细胞活动加强，钙从骨中释放出来；在肾脏中，甲状旁腺促进钙的重吸收与磷从尿中排出。甲状旁腺机能增强时，破骨作用加强，骨中的钙盐大量溶解，易导致骨质疏松。

（2）肾功能障碍：当动物发生肾病或者肾功能不全，由于代谢产物在体内的蓄积而造成酸中毒。此时，钙与酸性产物结合，血钙下降，脱钙加剧。

（3）慢性消化道疾病：反刍动物的消化道机能紊乱，能引起钙的吸收减少，从而可使临床的低血钙发生。

（4）饲料中脂肪、草酸过多：钙易与脂肪结合形成不溶性钙皂；与草酸结合形成不溶性的草酸钙沉积，二者随粪便排出体外。

（5）饲料中植酸偏高：饲喂大量的麸皮，植酸含量较高，与游离的钙结合成不溶的盐类，锌也能与植酸钙结合成复盐，以致日粮中锌的利用率降低。

（6）饲喂含草酸含量高的植物：草酸形成的草酸钙，经过肠道而不被吸收，通常天然饲料和牧草不足以发生严重问题。草酸含量高的植物有：大黄叶、菠菜。

（三）如何提高饲料中钙磷利用率及合理供给

1. 提供合理的钙磷比例

饲料中钙磷比例为1.3～2：1是比较合理的。

2. 合理地供给蛋白质

饲料中的蛋白质分解后产生的氨基酸可以与钙形成容易吸收的可溶性钙盐。饲料中蛋白质的充足供给，有利于饲料中钙的吸收。

3. 饲料中添加乳糖

乳糖与钙螯合，形成低分子量的络合物，增进小肠吸收钙的速度。并且乳糖的浓度与钙的吸收成正比。饲料中适当地添加乳糖，能增进钙的吸收。

三、奶山羊饲料的精粗比

什么是精粗比：日粮干物质中精饲料部分和粗饲料部分的比例（影响瘤胃健康最重要的因素）。

精粗比越高，家畜采食的干物质愈多；

精粗比越高，家畜的生产性能愈发突出；

精粗比越高，瘤胃的消化能力愈低；

精粗比越高，瘤胃的健康愈差，酸中毒的风险越高。

如果日粮精料干物质与日粮总干物质的比例在不超过60%的时候，奶山羊干物质采食量随着精饲料比例的增加而增加，产奶量也会相应提高；

如果精料的比例超过70%就很危险了，将难以保证粗饲料的摄入量并引起奶山羊代谢问题，瘤胃酸中毒就会发生。

因此，在产奶高峰期，精粗料的干物质比例以不超过60：40为宜，

TMR日粮中要加入小苏打、氧化镁等缓冲剂，添加酵母培养物（瘤胃舒）促使乳酸的转化；而且要加强观察奶山羊的粪便以及精神状况，如果粪便变形或精神沉郁，则需相应减少精料，增加粗料。

四、青绿饲草和干草的搭配比

青绿饲草和干草都是粗饲料范畴，但二者在瘤胃中所发挥的作用有一定的不同，青绿饲草由于缺乏长的有效纤维，不能形成合适的瘤胃网垫，而干草具有这样的功能，具有刺激瘤胃蠕动和加强反刍的作用，因此，在奶牛、奶山羊等反刍家畜日粮中必须保证一定数量的干草。

青贮是一种比较好的青绿饲草，但是它最大的缺点就是缺乏长的有效纤维（PeNDF物理有效纤维）。

一般的野草具有一定的有效长纤维；人工牧草由于注重牧草的质量，因此缺乏有效长纤维；有效长纤维是刺激瘤胃蠕动的必要条件。

因此，在春暖花开的春季，当大量的青绿饲草下来后，不能盲目地只看到奶山羊爱吃青绿饲草，产奶量提高，而忽略了干草的供给。当奶山羊缺乏干草后，整个消化道的蠕动变得缓慢，瘤胃向后推送食糜的速度下降，食糜在肠道中存留的时间相应延长，有害菌繁殖增加，特别是在没有做好三联四防疫苗免疫的羊群，很有可能在春季爆发梭菌性传染病（图1-8）。

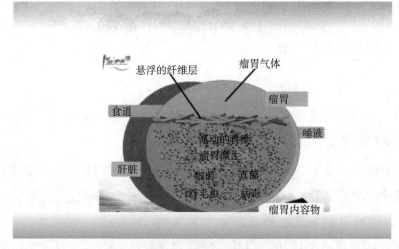

图1-8　瘤胃模拟图

五、奶山羊饲料的干湿比（日粮中水分含量）

饲草饲料中水分的含量，最大的问题是影响羊对干物质的采食量。

当羊采食含有大量水分的草料时，那么干物质的采食量就会大大的下降。

特别是制作TMR日粮时尤为重要。

一般水分维持在50%左右，超过这个水分，奶山羊对干物质采食量就会降低，低于这个比例，草料的适口性就会受到影响，从而也影响到羊对干物质的采食。

六、被动饮水

（一）被动饮水的概念

只有当渴欲达到极限而再也无法继续忍受时，动物为了维持生命的需要，勉强饮用不合格的饮水。

被动饮水造成的结果是，饮水量大幅度地减少，严重影响到生产性能的发挥和生命健康。

（二）造成被动饮水的原因

造成被动饮水的原因有以下几点：①饮用水不洁；②饮用水有异味；③饮水器具卫生很差；④饮水的温度不对（冬天饮用冰水，夏天饮用晒热的水）；⑤奶山羊的习惯，拒绝共同使用同一器具。

七、被动采食

（一）被动采食的概念

奶山羊对饲草的挑剔，或者给其提供的牧草质量存在一定的问题，霉变、适口性差等原因，造成的采食不积极。

造成被动采食的结果是，奶山羊对干物质的采食量下降，营养不足，不能满足生产的需要，从而引起产奶性能的下降和身体健康受到影响。

（二）造成被动采食的原因

造成被动采食的原因有以下几点：①饲草的霉变；②饲草的物理形

状不利于奶山羊的采食；③奶山羊对饲草的挑剔性；④不习惯于某种饲料气味；⑤饲料中的NDF和ADF含量偏高。

八、被动休息

（一）被动休息的概念

由于舒适性、躺卧面积、环境温度等造成奶山羊在一定的时间段，拒绝休息躺卧，最终由于体力的不支才勉强地卧下休息。

（二）被动休息的危害

任何动物在一天的24小时中，必须有一定的时间休息躺卧，当由于某种原因不能保证动物休息躺卧的时间，那么其生产性能和生命健康就会受到很大程度的影响。

（三）造成被动休息的原因

造成被动休息的原因有以下几点：①躺卧场地太硬，卧下不舒服；②躺卧场地潮湿阴冷；③躺卧面积不够；④天气过于寒冷；⑤天气过于炎热。

九、被动淘汰

（一）被动淘汰的概念

牧场管理人员为了一定的目的，或者为了完成上级的硬性指标，不愿意淘汰那些生产性能低下、体弱多病的问题奶山羊。只有当生命无法挽救时，才勉强淘汰。

（二）被动淘汰的危害

被动淘汰的危害是牧场效益低下，甚至出现亏损，甚或造成某些传染病的蔓延与流行（弱仔理论）。

（三）如何变被动淘汰为主动淘汰

每一年牧场要有计划地针对老弱病残和生产性能不佳，不具备品种特征的奶山羊进行淘汰，以提升畜群整体遗传性能。美国和加拿大在奶牛上一年的主动淘汰率为39.7%和49%，这也就是为什么别人的牧场产量高、经济效益好、抗御风险能力强的主要原因。为了达到主动淘汰的目的，必须加强后备羊群的培育，特别是在羔羊成活率和育成羊完美体格塑造上下大功夫。

奶山羊养殖的"五四定律"，提纲挈领地讲解了奶山羊养殖技术，带给养殖户正确的饲养管理知识和理念，使养羊人正确判断实际操作过程中的对与错，让他们做奶山羊养殖的明白人。

第二章　奶山羊的饲养管理

第一节　泌乳期奶山羊的饲养管理

奶山羊泌乳期是奶山羊为牧场创造效益的关键期，虽然泌乳量的高低不全由泌乳期决定，但泌乳期的管理仍然是奶山羊管理最重要的一环。

根据泌乳母羊的泌乳规律，可将泌乳期分为四个阶段，即泌乳初期、泌乳盛期、泌乳中期和泌乳末期。这四个阶段各有特点，饲养管理的方法也有所区别。

一、奶山羊泌乳初期管理

母羊产后20天内叫泌乳初期或称作恢复期，它是由产羔向泌乳高峰的过渡时期。母羊产后体力消耗大，体质较弱，消化力较差，但食欲旺盛，形成食欲旺盛与消化力弱的尖锐矛盾。此时应以恢复体力为主，产奶为辅，逐步提高干物质的采食量。

产后第一天：由于产后身体比较虚弱，消化能力也较弱，加上产后母羊由于失去大量的水分，渴欲极强，因此，产后不能急于给母羊饲喂大量的精料，首先要补充营养及水分。

产后母羊的第一项工作是补充水分、丙二醇、钙。母羊产后由于生产分娩失去大量水分，包括胎儿、羊水、胎衣失去的水分，所以第一就是先给母羊补充水分及营养。补给水是体重的5%～6%，需适当考虑产程长短，温水3千克+300克麸皮+20克食盐+100克瘤胃舒+30～50克丙酸钙（丙二醇）。

产后第二天：可以适当地喂常规的精饲料，但量不能大，要考虑到瘤胃的适应能力。一般精料150克+瘤胃舒100克，优质干草让其自由采食。

产后第四天：精料200克+瘤胃舒50克，优质粗饲草让其自由采食。

产后第六天：精料300克+瘤胃舒50克，优质粗饲草让其自由采食。

产后第八天：精料500克+30克瘤胃舒，优质粗饲草让其自由采食。

可以根据母羊的精神、食欲、产奶、粪便逐渐加大精饲料的喂量，优质粗饲草让其自由采食。

十天后可以达到正常的采食量。

泌乳初期的健康管理：

1. 产后处理

为母羊提供一个温暖、干燥、舒适的生产生活环境，尽量减少外界不良刺激，全天供应温热水，饲喂优质精补料和优质干草。分娩后，尽量让母羊站立，这样有利于子宫复位，减少出血，防止子宫脱出，防止产后麻痹，以便及时发现母羊异常情况并及时处理，同时有利于舔干胎儿身上的羊水，促使羔羊尽快站立。用温水消毒母羊的后驱外阴等部位，预防阴道感染。

2. 必须做的一件事

母羊产后由于生产分娩失去大量水分，包括胎儿、羊水、胎衣失去的水分，所以第一就是先补充它的水分及营养。补给水是体重的5%～6%左右，需适当考虑产程长短，方法一：温水3千克+250克麸皮+20克食盐+100克瘤胃舒+30～50克丙酸钙（丙二醇）。方法二：瘤胃舒100克+益母生化散50克+电解多维15克+红糖100克+黄芪多糖5克+麸皮250克+食盐15克加入3千克温水中让羊一次饮完。

第二、第三天还可以继续给料中添加益母生化散50克、补中益气散30克、菌酶公英加25克。

总之，这些操作可以有效预防酮病、产后瘫痪、子宫内膜炎、胎衣不下，可以保护肝脏、提高母羊自身免疫力。中草药降低乳房水肿，迅速恢复泌乳机能，减少临床乳房炎的发生，同时对母羊提前达到泌乳高峰和产后子宫的复旧等疾病有很好的作用。

3. 产后母羊

立即注射缩宫素2毫升，如果12小时胎衣不下再注射一次。肌肉注射维生素A、维生素D、维生素E各1毫升；同时肌肉注射解热镇痛药安乃近2毫升或者非甾体抗炎药——氟尼辛葡甲胺、美洛昔康等；如果产道拉伤或出血严重，注射止血敏（酚磺乙胺）3支，维生素K 3～5支。

4. 产后虚弱的母羊

静脉注射5%碳酸氢钠100毫升，25%葡萄糖200毫升，10%葡萄糖酸钙80～100毫升。对产后食欲不佳的母羊灌服瘤胃舒150克，增强食欲，防止出现前胃迟缓和代谢疾病。

5. 乳房出现恶性水肿

需要及时治疗，否则会引起乳房炎。

乳房水肿消（八正散），连用三天；

食用醋或硫酸镁+热水热敷；

也可注射速尿（呋塞米）注射液，但要注意剂量和疗程。

6. 体温检测

产后12天连续检测体温；

对于体温超过39.4 ℃，肌肉注射氨苄西林钠1克+10毫升鱼腥草，一天两次，连用三天。

7. 观察子宫排出物和粪便

长时间胎衣不下，或排出物的气味和状态异常，最好结合全身治疗以防止并发症的发生。

观察粪便是否出现坨状。若出现坨状则说明瘤胃功能不正常，应适当减少精料，多采食粗饲料。产后7天要看恶露排除程度，发现恶露不净或腐败要及时处理。

8. 初乳的处理

初乳可以分一次或者三次挤净，主要是根据母羊的健康体况，如果体况良好，一次性就可以挤净，这样有利于干奶期间乳房乳腺内细菌的充分排出，有利于乳腺组织的充分启动。

9. 产后无乳症

产后无乳与营养不良、精神紧张、泌乳素分泌不足有关；

用手刺激乳头、热敷和按摩；

活性降压药甲基多巴、利血平等可抑制泌乳素抑制因子的释放；

灭吐灵（甲氧氯普胺）可刺激垂体泌乳素的过量分泌；

抗组胺药马来酸氯苯那敏，促进行垂体分泌，具有催乳生长功能，使乳腺泡上皮细胞的活性增强，乳腺平滑肌收缩，促进排乳。针对产后排乳障碍、乳房肿胀、新分娩缺乳的母畜，注射后1～4小时可放奶。肌注：成年马、牛一次用量10毫升，一日一次，连用三天；成年羊、猪一次用量4毫升，一日一次，连用三天。

10. 初乳：一小时内让羔羊吃上初乳

吸吮反射是羔羊的本能，此反射出生后10～30分钟最强，早接触、早吸吮有助于母乳喂养成功。吸吮还可以使母羊脑垂体释放催产素和催乳素。前者加强子宫收缩，减少产后出血和胎衣排出；后者可刺激乳腺泡提早发育。

善于收集初乳，以备不测。质量好且多余的初乳，收集到塑料瓶中冷冻，当遇到无乳或者初乳不足者经水浴加热后使用。

二、产奶高峰期饲养管理

母羊产后21～120天为产奶高峰期，特别是产后30～90天为产奶最高峰期，其泌乳量占整个泌乳期产奶量的35%左右。因此，饲养要特别细心，营养要全面。为了促进泌乳，提高产奶量，应按照每产奶2千克，饲喂1千克精饲料的方法供应精饲料。但在增加精饲料时应缓慢进行，逐步增加，每天增加精饲料量以不超过50克为宜。具体增加精饲料时要做到"三看"，前面看食欲是否旺盛、中间看奶量是否继续上升、后边看粪便是否正常，以此来确定精料的增减。为了防止泌乳高峰期营养出现负平衡，除按照正常饲养外，还可采取在泌乳高峰期添加增奶精料的方法补充营养。

精粗饲料配比（%）50：50，饲料干物质喂量占体重3.8%～4.0%。

高峰期严格执行奶山羊养殖的"五四定律",做好五个比例,避免四个被动;还要做到"五个稳定不变":饲料品质稳定不变;环境条件稳定不变;体况健康稳定不变;羊群结构稳定不变;生物规律稳定不变。

三、产奶稳定期饲养管理

母羊产后120～210天为泌乳稳定期。此期的产奶量不再上升,但下降较慢,在饲养上要尽量避免改变饲料、饲养方法及工作日程,以稳定产奶期。

要多给青绿多汁饲料,保证充足饮水和多晒太阳。

精粗饲料配比(%)40∶60,饲料干物质喂养量占体重3.5%左右。

四、产奶后期的饲养管理

泌乳后期一般指母羊产后210～280天。母羊产后7个月以后,泌乳量下降较快,这个阶段的特点是母羊已逐渐进入发情配种季节。由于发情及配种,食欲下降,产奶量降低。此期的后期,大部分羊已怀孕,由于胎儿分泌的皮质醇作用加强,抑制了脑垂体前叶催乳素的分泌,所以在这一阶段要提高产乳量是不可能的。

这一阶段是母羊由泌乳期过渡到干乳期的转折点,应做好饲养管理工作。

虽然泌乳量走下坡路,但必须是随着产奶量的下降,再慢慢调节营养供给的减量,不能因为过早地调低营养而导致产奶量下降;

要做好配种前的防疫接种工作,特别是造成胎儿流产的疾病的免疫,传胸、口蹄疫、羊痘、小反刍兽疫、三联四防等。

做好科学的干奶工作,包括逐步干奶、乳房注射干奶药、乳头药浴。

对于乳房炎没有治愈的必须停止干奶,等乳房炎治愈后再重新干奶。注射维生素E半支,氯前列烯醇半支,诱导发情,提前参配。

附：奶山羊人工诱导泌乳

人工诱导泌乳是根据泌乳的调节和合成机理，采用药物的办法诱导空怀母羊分泌乳汁，采用这种方法可显著降低饲养费用，提高经济效益。

在生产上，由于配种技术或母羊生殖系统疾病等原因，每年都有一定数量的失配或空怀的母羊，应用药物处理诱导空怀的母羊分泌乳汁可以减少生产上相应的经济损失。

具体做法：（肌肉注射）

第一天	孕酮2支	苯甲酸雌二醇1/3支
第二天	孕酮1支	苯甲酸雌二醇1/3支
第三天	孕酮1支	苯甲酸雌二醇1/3支
第四天	孕酮1支	苯甲酸雌二醇1/3支
第五天	孕酮1支	苯甲酸雌二醇1/3支
第六天	孕酮1支	苯甲酸雌二醇1/3支
第七天	孕酮1支	苯甲酸雌二醇1/3支
第八天	孕酮1支	苯甲酸雌二醇1/3支
第九天	孕酮1支	苯甲酸雌二醇1/3支
第十天	孕酮1支	苯甲酸雌二醇1/3支
第十一天	马来酸氯苯那敏2支（或利血平）	
第十三天	马来酸氯苯那敏2支（或利血平）	
第十五天	马来酸氯苯那敏2支（或利血平）	

配合乳房的按摩，第八天开始挤奶。

空怀母羊实行药物诱导泌乳的机理：诱导泌乳时先注射十天雌激素和孕酮，是因为这两种激素可促进乳房的发育。在此基础上，注射催乳素可促进乳腺上皮细胞的分化，刺激乳腺上皮细胞合成核糖核酸，增加乳汁的生成和维持泌乳。由于催乳素来源较少，而且价格昂贵，故改用"马来酸氯苯那敏"或者"利血平"拮抗下丘脑下部对催乳素释放有抑制作用的多巴胺，增加垂体前叶催乳素的释放，从而使乳腺细胞分泌乳汁。

第二节　干奶期奶山羊的饲养管理

一、干奶期的管理

（一）什么是干奶期？

奶山羊怀孕两个月后，由于胎儿的下丘脑下部—垂体—肾上腺轴内分泌机能发生变化，胎儿分泌的肾上腺皮质激素抑制了母羊垂体前叶促乳素的分泌，致使产奶机能逐渐减弱最后乳腺停止分泌乳汁，这一阶段，生产上叫干奶期，这种干奶也叫生理性干奶。但在生产中有许多泌乳奶山羊不能生理性干奶，必须采用人工的方法干奶。干奶期的长短是否合适、干奶期的饲养管理是否合理，不仅影响奶山羊体质的恢复和胎儿的生长发育，而且影响下一个产奶期的产奶量。而干奶的方法是否正确是关系奶畜健康和引起乳房炎或其他病患的重要原因。

因此，我们常说"干奶期不是上一个产奶季的结束，而是下一个产奶期的开始"，必须科学认真对待。

（二）干奶期的意义及作用

1. 增加、修复乳腺细胞

乳腺组织经过8～10个月的泌乳，相当一部分乳腺细胞凋零或发炎损失，乳腺组织亟待恢复和增值，为下一个产奶季做好准备。因此，必须给乳腺组织一个调整修复的时间。

2. 为胎儿的生长供给充足的营养

母羊怀孕的后两个月，是胎儿的迅速发育期，胎儿大约70%的体重是在后两个月发育完成的，因此，这一阶段，胎儿的发育需要母羊提供大量的营养物质。为了保证胎儿的营养需求，母羊在激素的作用下，泌乳性能也逐渐减少，产量低的母羊自动停止泌乳，而一些高产母羊需要人工干奶，以保证母羊对胎儿的营养供给。

3. 恢复体况的需要

泌乳母羊经过8～10个月的泌乳期，其身体消耗达到了极限。对于一个泌乳600千克产量的母羊，一个泌乳期分泌的干物质已经超过它的体重，此时的身体健康明显下降。因此，为了恢复泌乳羊的体况，保证母羊的健康，必须进行干奶。

另外，母羊在分娩后，产奶量持续上升，约在40天达到泌乳高峰。但是，这段时间采食量的增长并没有同步于产奶量的增加，因而，吃进去的营养物质不能满足泌乳的消耗，此时奶羊处于营养负平衡状态，不得不消耗其本身的营养组织来满足产乳的需要。为了保证母羊产后大量泌乳的营养需要，因此，需要有一个干奶期，保证其体内贮积足量的营养物质，以供分娩后大量泌乳之需。

4. 干奶期是防治奶山羊疾病的需要

①疫苗的预防接种：在产前45天必须接种三联四防疫苗，保证母乳中有较高的抗羔羊痢疾的抗体；

②乳房炎的彻底治愈：干奶期也是彻底治愈乳房炎的最好时机，无须交售鲜奶，不用考虑抗生素残留，可以使用大量的抗生素和长效抗生素治疗，目的是彻底治愈；

③驱除体内外寄生虫：奶山羊在即将分娩时，体内线虫也是排卵最高峰，因此，干奶期产前的驱虫尤为重要，此时驱虫对胎儿的影响也不大，药量要经过认真计算，不能超量；

④其他疾病的治疗：产前的修蹄、皮肤病、消化道疾病等。

5. 恢复瘤胃功能

泌乳期瘤胃（如图2-1）在高精料、高采食量条件下，瘤胃功能和组织受到严重破坏，需要很好地调整和恢复。

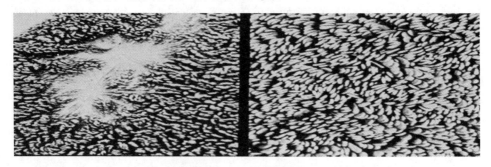

图2-1　泌乳期瘤胃

（三）干奶期的体况评分

怀孕及干奶早期，奶山羊的体况大约在2.0分，这段时间奶山羊由于受孕后体内激素的变化，采食量开始变大，但是，怀孕早期奶山羊不能过肥，否则，由于早期过肥，造成产后采食量恢复缓慢，酮血病的发病率增加。怀孕早期一般不考虑胎儿的营养需求，草料无须额外增加。怀孕两个月后，经过干奶，逐渐补充营养，体况开始恢复，到干奶末期，奶山羊的体况评分到3.5～3.8分就可以。

（四）干奶期的营养

干奶期的营养需求：胎儿生长需求+体况恢复需求+乳腺修复需要+营养蓄积需求+免疫需要。

因此，干奶期的营养供给非常重要，一般可按体重50千克，每天泌乳1～1.5千克的饲养标准饲喂，日供给1千克左右的优质干草，2～3千克的青绿饲草，0.6～0.8千克的混合精料。

（五）干奶天数

干奶天数根据体况而定，一般45～75天，平均60天，干奶天数不同，对下一个产能季产奶量有很大的影响（如图2-2）。

对于头胎、早期配种、体弱的成年母羊、老年母羊、高产母羊饲喂的饲料质量较差，那么干奶期可以长点（60～70天）。

对于体质强壮、产奶量低、营养状况好的母羊，干奶天数可以适当短几天（45～60天）。

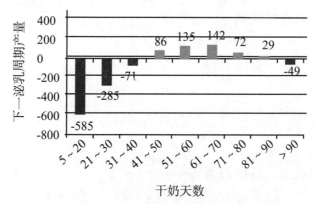

图2-2　干奶天数对下个产奶期产奶量的影响

（六）干奶的方法

1. 自然干奶法

产奶量低、营养差的母羊，在7个月左右配种，怀孕1～2个月后奶量迅速下降而自动停止产奶。

2. 人工干奶法

（1）逐渐干奶法：逐渐减少挤奶次数，打乱挤奶时间，停止乳房按摩，适当降低精料，控制多汁饲料，加强运动，使羊在7～14天逐渐干奶。

（2）快速干奶法：奶挤净—擦干—消毒—输药—乳头封闭剂。

注意：如有乳房炎，先治病，再干奶。

（七）干奶期母羊的注意事项

母羊增重的50%是在干奶期增加的，要求饲料水分少，干物质含量高。

减少粗饲料喂量，防止体积过大压迫子宫，影响血液循环，影响胎儿发育或导致流产。

产前水肿严重的母羊，要控制精料量。

干奶期不能喂发霉变质的饲料和冰冻的青贮料，不能喂酒糟、发芽的土豆和大量的棉籽饼、菜籽饼。

严禁喝冰冻的水和大量饮水，更不能空腹饮水，避免引起母羊流产。饮水的温度不宜低于12℃。

（八）干奶期的管理

1. 初期

羊舍卫生，减少乳房感染。

2. 中期

驱虫、保胎、防止拥挤、严防滑倒和角斗。

3. 后期

保护腹部过大，乳房过大的羊。

4. 防疫

产前45天左右注射三联四防（羔羊痢疾苗）、口疮苗。

5. 药浴

产前40~60天进行乳头药浴。

二、围产期的饲养管理

我们把产前两周和产后两周叫奶山羊围产期。产前两周（干奶的后期）叫围产前期，产后两周叫围产后期。

（一）围产前期（干奶后期）管理要点

这一时期主要任务是实现由较少精料型向高精料日粮型的过渡，为产后升乳期做好准备。提高乳酸利用菌的数量和活力，促进瘤胃壁上皮的生长，使其对营养物质的吸收最大化，使奶山羊有一个旺盛的食欲和健康的瘤胃。

（二）围产后期出现的主要问题

产后瘫痪、酮病、瘤胃酸中毒、真胃移位、胎衣不下、子宫炎、乳房炎等，这些问题实际上都与产后干物质采食量低下、能量不足和低血钙有关，再有就是免疫抑制。

（三）围产前期日粮饲喂方案

产后的干物质采食恢复缓慢、能量不足、低血钙的发生，与围产前期的饲养管理有很大的关系。

在围产前期饲养管理中，临床上有两个方案可供参考。

1. 第一套方案：低能、低钙、高纤、高蛋白日粮、瘤胃舒

①低能可以使产后乳房炎降到最低；

②低钙可以反馈性地刺激垂体后叶分泌甲状旁腺素，促使骨钙的动员，减少产后低血钙的发生；

③高纤饲料可以使瘤胃更健康，刺激瘤胃的正常发育，保证旺盛的食欲；

④高蛋白日粮好处：蛋白是诱食剂，提高采食量；蛋白中叶酸、烟酸、胆碱、生物素、硒等含量相对较高，对奶山羊起到很重要的免疫增强作用，只要蛋白水平高，产后修复、伤口愈合、激素平衡等就能很快恢复；蛋白饲料分解产物可以缓解瘤胃pH，提高瘤胃健康。

⑤酵母培养物——瘤胃舒增加纤维素分解菌和乳酸利用菌的数量和活力，提高采食量、增进瘤胃健康。

2. 第二套方案：酸化日粮添加阴离子盐

①围产日粮中，不能含有豆粕与食盐、小苏打、舔砖，另外每天日粮中补充10～20克钙；

②日粮中粗饲料，停喂苜蓿、燕麦草，饲喂黑麦草、麦草、棉籽壳；

③每周检测尿液pH值，使其维持在5.5～6.5之间；

④只给经产羊添加阴离子盐，头胎很少发生低血钙；

⑤添加阴离子盐必须准确，避免碱或者酸中毒；

⑥添加酵母培养物——瘤胃舒，促进瘤胃健康。

以上两套方案的目的都是为了在产前降低血钙浓度，然后反馈性地刺激甲状旁腺素的分泌。甲状旁腺素能够把沉积的骨钙释放到血液中，这个过程需要大约15天的时间，以防止产后瘫痪的发生。

（四）围产后期管理

1. 分娩时饲养管理

（1）母羊产羔前的症状

乳房膨胀有光泽，乳头直立能挤出初乳，阴户肿大松弛，腹部下垂，尾根部两侧肌肉下陷，排尿频繁，采食停止，举动不安，时卧时起，前蹄刨地，不停地回头顾腹。当发现母羊卧地、四肢伸直、努责鸣叫时，则是母羊立刻产羔的表现，应准备接羔。

（2）分娩母羊的接产

给母羊接产时，接产员要先把手指甲剪短磨光，用消毒液把手洗净，再将母羊外阴擦洗干净。正常接羔时，先从阴门排出羊水包，水包破裂后，先露出羔羊两前蹄，接着是鼻和嘴，到头露出后，即可顺利产出。

（3）羔羊的处理

羔羊产出后，先将羔羊口鼻中的黏液清理干净，以免因呼吸而将黏液吸入气管。羔羊身上的黏液最好由母羊舔净，这样有助于母子相认，调节羔羊体温；若母羊不舔，可将羔羊身上的黏液抹到母羊嘴里，或者在羔羊身上撒一些麸皮，引诱母羊舔干。如果天气寒冷，应尽快将羔羊全身擦干或用红外线烤灯将羔羊身体烘干，以免羔羊受凉感冒。

（4）母羊的难产和助产

难产是指母羊分娩发生困难，不能将胎儿产出。

发生难产的原因有：胎位不正，子宫颈狭小，盆骨腔狭窄，年龄过大，体弱和胎儿过大等。

助产方法是：当母羊产羔努责无力时，要用手握住羔羊前蹄顺势向后下方轻拉；如果胎儿头颈侧弯、下弯、前肢弯曲、胎儿横向等胎位不正，要采取让母羊前高后低的姿势右侧卧下，助产者将指甲剪平磨光，用0.2%新洁尔灭把手臂和母羊的外阴进行消毒，根据实际情况对胎儿进行矫正措施，然后将胎儿拉出。对于特殊情况下不能产出的母羊，可采取剖宫产或将胎儿分解取出。

2. 分娩后母羊管理（参照前边泌乳早期）

第三节　羔羊的饲养管理

一、羔羊的饲养管理

羔羊是指从出生到断奶前（约90天）这一时期的羊。初乳是指母羊产羔后5天以内的奶。初乳的营养丰富，色黄，浓稠，富含蛋白质、脂肪、维生素、矿物质和镁盐，可促进肠蠕动，有利于胎便的排出，而且含有免疫球蛋白，可增强羊的抗病能力。所以羔羊出生后，初乳吃得越早越好。

1. 羔羊的消化特点

羔羊和成年羊消化道的结构相同，都是四个胃，但是消化能力差异很大。羔羊在哺乳阶段，消化器官尚未发育健全，前三个胃只有雏形而无能力，主要是第四个胃起作用，所以饲喂时要供给能量高、蛋白质多、营养完全的饲料。

2. 羔羊的饲养管理

羔羊阶段是羊的一生中生长发育最快的时期，饲养得好坏关系到羊一生体型结构的发育和生产性能的发挥，所以这个时期的关键是提高羔羊的成活率，培育出发育良好的羔羊。重视羔羊的培育必须严把"四关"：

（1）出生关：羔羊出生后首先用毛巾将羔羊口、鼻中的黏液擦拭干净，以防羔羊呼吸时把黏液吸入气管引起异物性肺炎。羔羊出生时脐带一般会自行扯断，如果没有断，就用手指捏住脐带，将脐带中的血液向肚脐方向将几下，然后用剪刀在距离肚脐5厘米的地方剪断，用5%左右的碘酊浸泡脐带断端。如果羔羊出生后天气寒冷，要尽快把羔羊身上的黏液擦干或放在红外线烤灯下烘干，羔羊出生15～30分钟就会站起来找奶吃，这时应尽快让羔羊吃到初乳。给羔羊喂初乳时，首先要用40℃的毛巾把母羊的乳房擦拭干净，并剪掉乳房上的长毛，挤出并弃掉乳头内细菌含量高的几把奶，然后再让羔羊吃。

（2）环境关：羔羊出生后，除了球虫和肺炎之外，威胁羔羊生命安全的外界因素是羔羊出生后严重受凉。羔羊出生时，皮下无脂肪层，需要采食初乳以及温暖的舍内环境来保持体温。因此，羔羊出生后要划分成小群饲养，要求圈舍舒适、活动自由。如果基础舍温在8℃以上，可以在羔羊头部上空吊装暖灯来增加热量。如果基础舍温低于8℃，除了想办法增加舍温（参考焦老师：羔羊舍的升级改造），更重要的是对羔羊采用羔羊加热保温箱（参照仔猪保温箱），防止羔羊受冻引起肺炎、肠炎等疾病。当舍温在18～20℃时，出生羔羊的身体会迅速变干，可以开始吃初乳。出生5～7天后，羔羊合群并再次划分成更大的羊群进行养殖。管理羔羊最好的办法是将同日龄的羔羊集中在一起，每个群体不超过20只，放在一个分隔栏中，分隔的栏板约为1米高，防止穿堂风。保证垫草充足，干燥卫生，无霉变等。

（3）哺乳关：哺乳期的羔羊生长发育很快，3个月的体重是出生时体重的6～8倍，0～45天是羔羊体尺增长最快的时期，45～75天是羔羊体重增长最快的时期，所以，出生30日龄内的羔羊每天喂奶次数以3～4次为宜，31～50日龄内的羔羊每天喂奶次数2～3次为宜。随着日龄的增加，羔羊对营养的需求也越来越多，依靠母乳难以满足生长发育的需求，因此，羔羊出生5天后，可给羔羊饲槽内增加一些适口性好、易消化的羔羊开口料，让其自有采食，刺激胃肠发育；10天后可提供优质的苜蓿干草，防止羔羊采食不洁的垫草，引起瘤胃粘连。

羔羊出生后，生长发育和供养方式发生了很大的变化，由于适应性较差，机体抵抗力弱，在管理上要注意多观察。健康的羔羊经常昂头、挺胸、摆尾，且毛顺腿粗；如果被毛蓬松粗乱，肚子很扁，经常无精打采，弓腰鸣叫就是没有吃好奶的表现，要及时给予补救。注意天气变化和圈舍卫生，以防感冒和疾病发生，特别是羔羊拉稀、肺炎、脐带炎等，发现后要及时治疗。

（4）断奶关：羔羊哺乳到50～60天时要逐渐断奶，羔羊断奶有两种方法：一是直接断奶法，就是到了断奶时间直接停止喂奶；二是逐渐断奶法，即将羔羊吃奶次数逐渐减少直到断奶。为了让羔羊适应这一过程，一般采用逐渐断奶法，这样有利于羔羊逐渐适应新的生活方式，促进胃肠机能正常发育。羔羊断奶应该在体重达到9～10千克以上，这样断奶应激较小，羔羊成活率高。

3. 羔羊缺奶和失奶后的解决方法

羊奶营养丰富，是羔羊生长发育的重要食物来源，但母羊身体瘦弱导致产奶不足，或母羊产后死亡，都会造成羔羊缺奶和失奶，解决的办法是：

（1）加强对产后母羊的饲养管理，提高母羊产奶量。

（2）用人工哺乳的方法给羔羊饲喂其他羊的鲜奶或代乳粉。

（3）找保姆羊：选产奶量高或生产后羔羊死亡的母羊做保姆羊。如果保姆羊不接受羔羊，可采用给羔羊头部、身上、尾巴上涂抹保姆羊的奶汁、尿液等，或将保姆羊和羔羊关在黑暗的屋子，采取强迫羔羊多次吃奶的办法迫使其相认。

4. 羔羊人工哺乳的训练

对羔羊进行人工哺乳，出生后的羔羊一般都会自己喝奶，但对于不会喝奶的羔羊可采用人工哺乳，羔羊人工哺乳方法有盆饮法、哺乳器饮喂法等。

（1）盆饮法：用小盆盛奶让羔羊自饮。哺乳员将指甲剪短磨光洗净，在食指或中指上蘸上奶，让羔羊吮吸，并慢慢将羔羊嘴引诱到乳汁表面，使其饮到乳汁，这样训练几次羔羊就会自饮了；盆饮一定要注意乳汁温度，不能低于36℃，否则会造成乳汁进入前胃异常发酵。

（2）奶瓶法：把羊奶装进奶瓶内，让羔羊自动吸吮。给装满奶的奶瓶奶头上涂抹鲜奶，塞进羔羊嘴里，训练几次羔羊就学会了。

训练羔羊人工哺乳时要有耐心，不可强逼，否则乳汁呛入羔羊气管或肺里，会导致异物性肺炎，甚至死亡。

5. 羔羊人工哺乳应注意的问题

羔羊人工哺乳应坚持"一勤，二早，三足，四定"。

一勤即勤观察，要经常观察每只羔羊的食欲、粪便和精神状况，发现问题后要及时采取措施进行处理；

二早即羔羊出生后早喂初乳，早补饲；

三足即足够的初乳量、足够的饮水和足够的运动；

四定即定量、定时、定温、定质，给羔羊进行人工哺乳时，供给羔羊的奶量要按照哺乳方案进行，防止饲喂过量而引起消化不良或拉稀，每天喂奶的次数和时间要固定下来，这样羔羊容易形成条件反射，有利于消化，便于生产管理。

羔羊喂奶前一定要将鲜奶过滤，清理掉奶里面的杂质，然后把羊奶加热到40~42℃再进行饲喂。如果鲜奶温度过低或不干净，羔羊饮用后容易发病；而羊奶温度过高容易烫伤羔羊嘴唇黏膜和胃黏膜；羔羊喂奶用的奶具要定期进行消毒，每次喂完奶后要把奶碗洗干净，然后用开水烫一下，再用自来水冲一次。

6. 羔羊的取角方法

有些奶山羊由于遗传因素会长角。新生羔羊如果有角，其角蕾部位的毛呈旋涡状，手摸时有硬而尖的突起；如果无角，头顶没有旋毛，角基部凸起钝圆。长角羊在打斗的时候往往会受伤，特别是怀孕羊打架会造成流产，同时也会给管理工作带来不便。

羔羊出生后7～10日就可取角。羔羊取角有多种方法，一般情况下需要两个人配合进行。操作员稍微坐高一点，用两腿夹住羊的脖子部位，左手握住羔羊的嘴部，不能捏得太紧，以防羔羊窒息，右手进行操作；另一个人坐低一点，将羊的后驱和身体固定，使其不能乱动。

（1）化学取角法：就是用苛性钠棒取角。首先将角蕾部分的毛剪掉，周围涂上凡士林，以防苛性钠溶液流出，损伤皮肤和眼睛，准备工作做好后，取苛性钠一支，一端用纸包好，以防止烧伤手指，另一端在角蕾部位旋转摩擦，使之微量出血为止。摩擦时由内到外、由小到大，反复进行，但摩擦的时间不能太长，摩擦的部位要准确，摩擦面要大于角基部。取角后，擦净磨面上的药水和污染物并注意观察，防止抓破或烧伤其他皮肤。

（2）烙铁取角法：烙铁取角法与化学取角法相同，用长5～8厘米、直径1.5厘米的铁杆，在上面焊一个手把，呈"T"型，火上烧红后取出，在羔羊角蕾处旋转烧烙，时间不能太长，烧烙的部位要稍微大于角基部，烙平即可。此法速度快，出血少，安全方便。

第四节　青年羊的塑造

青年羊是指从断奶到配种前这一阶段的羊。

青年羊生理特点：瘤胃发育迅速，生长发育快，骨骼、肌肉生长迅速，体型可塑性大，生殖机能变化大。

主攻目标：培育体型高大、肌肉适中、消化力强、乳用型明显的理想体型。

这一阶段是羊的骨骼和器官充分发育的关键时期，如果营养和管理跟不上，就会影响青年羊的生长发育和生产性能。

1. 饲料供应方案

从断奶到3个月内，精料400克，自由采食优质干草（每千克精料中含6 000兆焦耳净能和160克可消化粗蛋白）；

4～5月龄，精料300克，自由采食优质干草（每千克精料中含6 000兆焦耳净能和130克可消化粗蛋白）；

6～7月龄，精料200克，自由采食优质干草（每千克精料中含6 000兆焦耳净能和100克可消化粗蛋白）。

2. 管理要点

（1）提供充足的营养物质：饲料类型对青年羊的体型塑造和生长发育影响很大。给青年羊饲喂大量的优质干草，不仅有利于促进消化器官的充分发育，而且用它所培育的羊体格高大，乳用型明显，产奶多。

有优良豆科干草时，日粮中精料补充料的粗蛋白质含量可降低到15%～16%，能量水平为日粮能量的70%左右。每日适量饲喂精料补充料，同时注意矿物质如钙、磷和食盐的补给。此外，青年公羊由于生长发育比青年母羊快，所以精料补充料需要量应多于青年母羊。

（2）加强运动：充分运动可使青年羊体壮胸宽，心肺发达，食欲旺盛，采食多。具有发达的消化器官和心肺的青年母羊才有可能成为高产羊。每天驱赶青年羊运动两个小时以上，分上午和下午两次运动，但是谨记青年羊饲喂后一个小时内不能剧烈运动。有放牧条件的羊场，可每日定时对青年羊进行放牧，吸收新鲜空气，接受充足的阳光照射并得到充分运动。

（3）适时配种：青年母羊一般可以在8～10月龄、体重达到35千克以上、体高60厘米以上时配种。青年母羊发情不如成年母羊明显和规律，所以要加强试情并注意观察，以免漏配。8月龄前的公羊一般不要采精或配种，公羊配种须在10月龄以后，体重达到40千克以上才可进行。

（4）青年羊饲养管理关键：优质干草，充足运动。

①给青年羊饲喂大量的优质干草，不仅有利于促进消化器官的充分发育，而且用它培育出来的羊体格高大，肌肉适中，乳用型明显，产奶多。

②充分的运动可使其体壮、胸宽、胸深，心肺发达，食欲旺盛，采食多。青年羊若有发达的消化器官和发达的心肺功能，就奠定了将来高产的基础。

③达到体成熟、性成熟后，尽早配种，以提高繁殖率（当年的羊娃当年配，要求8～10月龄，体重35千克，体高60厘米以上）。

④控制日增重，日增重控制在180克/天左右，避免过肥等问题，预防脂肪乳和肌肉乳房的出现。

⑤充分提高采食能力且预防瘤胃松弛，促进乳腺细胞的发育。

⑥培育过程中提供的营养先好后差，往往会形成四肢长而胸腔窄浅的成年母羊，一旦形成，影响终生，无法补救。

第五节　种公羊的饲养管理

一、种公羊的饲养管理分为非配种期和配种期饲养管理两种

1. 非配种期的饲养管理

非配种期的公羊在饲养上以恢复体力、增强体质为主。因为公羊在配种期体力消耗很大，体况和精神状况明显降低，所以在饲喂上，饲料中可消化粗蛋白应保持在18%左右。每次饲喂时，先喂粗饲料后喂精饲料，并做到定时定量，且定期修蹄和刷试，坚持每天驱赶运动在3小时以上。春季天气逐渐变暖，羊的采食量、食欲不断增强，要抓住时机，把公羊养好。种公羊在配种前一个月要逐渐增加营养，保证被毛光亮、精力充沛，以确保配种任务顺利进行。

2. 配种期的饲养管理

配种期的种公羊一般要求体质健壮，精力充沛，性欲旺盛，精液品质好。但配种期公羊的脾气暴躁，易受环境影响，采食极不稳定，而且精神易兴奋，不思饮食，所以在管理上要做到单独饲喂，远离母羊，避免过频交配。饲养员要早起、晚睡，抓住早晚天气凉爽、公羊性情稳定

的时期，精心饲喂。饲草要求适口性好，营养丰富，体积小，种类多，易消化，以优质豆科干草为主，同时增补胡萝卜，青苜蓿，鸡蛋2枚，每天驱赶运动不少于2小时。

二、公羊有角和无角的选留

公羊有角和无角受遗传基因控制。无角公羊在生产中认为顶撞事故较少、安全，因此受到部分人的热捧，特别是东北地区喜欢选留无角公羊。

无角（P）相对于有角（p）属于显性遗传，那么在控制山羊有角和无角的两个基因P和p，不管是纯合的PP还是杂合的Pp都属于无角山羊，而只有pp纯合时山羊才有角。

它们的遗传规律如下：

①纯合有角公羊×纯合有角母羊
　（pp）　↓　（pp）

F1　有角　有角　有角　有角
　（pp）（pp）（pp）（pp）

②纯合有角公羊×杂合无角母羊
　（pp）　↓　（Pp）

F1　无角　有角　无角　有角
　（Pp）（pp）（Pp）（pp）

③杂合无角公羊×纯合有角母羊
　（Pp）　↓　（pp）

F1　无角　无角　有角　有角
　（Pp）（Pp）（pp）（pp）

④纯合无角公羊×纯合有角母羊
　（PP）　↓　（pp）

F1　无角　无角　无角　无角
　（Pp）（Pp）（Pp）（Pp）

⑤杂合无角公羊×杂合无角母羊
　（Pp）　↓　（Pp）

F1　无角　无角　无角　有角
　（PP）（Pp）（Pp）（pp）

尽管羊角会给畜群管理带来一些麻烦（山羊间的打斗和伤人），但不建议培育无角山羊，因为纯合无角子代会出现性畸形。因此，较好的做法是，配种的双亲动物（父母）其中之一应该是有角的。实际生产中，公羊最好是有角的（或者是去角），因为判别母羊是"无角纯合子"或者"无角杂合子"非常困难。

在用无角的公山羊和母山羊育种的群体中，常常会发现雌雄间性（雌雄同体）。从外表看间性母羊阴蒂较大、不规则；间性公羊往往出现单侧或双侧隐睾，阴茎短小，几乎所有的间性羊都是不育的，这会对养殖户造成一定的经济损失。

无角后代的间性率可达20%。从根本上讲这些间性羊都是雌性，这也造成雌性（母羊）后代数量减少20%。

三、种公羊的健康管理

公羊的健康管理经常被忽视。尿结石是公羊易感的疾病，会引起繁殖力的丧失。供给公山羊新鲜的饮水，增加饲料中食盐的浓度到2%～4%（切忌给饮水中加盐），通过饮水量的增加达到稀释尿液的目的。繁殖季节公山羊具有攻击性，可伤害饲养人员及其他山羊。在繁殖季节，公山羊会将尿液排到自己的脸上和前肢上，引起严重的尿液灼伤，继发细菌性感染及恶臭。

公山羊的健康管理如下：①促进运动；②公山羊与成年母羊同时进行免疫；③进行必要的修蹄；④配种前1～2个月，进行繁殖健康检测；⑤配种前一个月进行一次驱虫；⑥对头部和前肢尿液灼伤部位，用凡士林涂抹治疗；⑦维持饲料钙、磷比为2：1，在饲料中添加2%～4%的食盐及1%～2%的氯化铵，以预防泌尿道结石，确保饮水卫生、清洁和充足。

第三章　奶山羊的疾病防控

第一节　兽医卫生防控体系

为了保证奶山羊的健康成长，奶山羊的疾病预防和治疗是我们日常必谈的话题。而且近几年来随着规模养羊的兴起，奶山羊的调运频繁，羊的传染病大量流行、普通病的高发病率造成奶山羊产业的巨大损失，人们常常谈病色变，羊病已经成为奶山羊快速发展的绊脚石。因此，奶山羊疾病必须采用——综合防治！

所谓综合性预防措施，不仅仅是清洁消毒、疫苗接种、投药灭病，而是一项系统工程，必须从场址选择、羊场布局与规划、建筑结构、饲养环境与舍内小气候、健康的羊群、全面的营养到病原微生物的防治、扑灭措施和科学的疫苗接种计划等。

一、病原微生物的感染途径

传染病传播的基本条件：传染源—感染途径—易感动物。

为了预防疾病，首先必须了解病原体的感染途径，才能有效防止和隔离病原体。主要感染源如下：

1. 人员往来

朋友、来访者、职工往来、修理人员。

2. 直接感染源

病羊舍、尸体存放、处理厂、屠宰厂等。

3. 大小羊之间

老羊患病的垂直传播。

4. 其他因素

污染的饲草、饲料、水源、疫苗及添加剂等。

二、隔离措施

隔离是生物保护的重要环节，良好的隔离是家畜的安全屏障。要根据羊场环境与布局，羊舍条件与内部设施而采取不同的措施。理想的环境是羊场要距离水源、村镇、道路、森林或其他农业形态的企业远些，对羊场防疫更有利些。

1. 抓好基础

尽量完善羊场4个环境，即场址环境、场内环境（绿化与布局）、舍内环境（舍内净化）、羊体环境（无烈性传染病和体内外寄生虫）。总之，必须创造适合奶山羊生产、保健的小气候。应注意以下几点：

①羊场、羊舍的合理设计；②抓好职工防病教育；③选购优良的健康种羊；④选购符合卫生安全的饲料；⑤搞好个人和羊舍内外环境卫生。

2. 隔离病原体

执行严格的安全措施，可以减少病原体进入羊场的可能；严格的卫生措施，可以使存在的病原体降低到对羊群无害的水平。应做到以下几点：

①净化羊舍：有条件时，羊出栏后，至少有12~15天的空栏时间，最好在场内分区轮养；羊舍净化的依据：病原体一般都处于寄生状态，尤其是病毒，必须生活在活的细胞内，离开机体后，很快有一大部分种类和数量失去活性，如羊舍连续养羊，即使消毒也很难隔断病原体，使病原体有"接力传染"的机会；

②全进全出制生产：严禁不同羊场的羊、不同年龄的羊混群饲养，以防交叉感染；

③严把四个关口，即进出厂关、进出生产区关、进出羊舍关和入口（饲料、饮水卫生）关；

④生产区定期消毒；

⑤外人谢绝参观；

⑥羊场内净、污道分开；

⑦各羊舍间不能共用一些工具，如料车、扫帚、铁锨等；

⑧严防野禽、鼠、猫、狗等进入羊舍；

⑨制订适合本场的疫苗接种计划和药物防治计划：定期检查和驱除体内外寄生虫，全面防止传染病在场内循环流行。

三、消毒问题

羊场的消毒在综合防疫措施中占有重要地位，消毒是在体外杀灭病毒和病原菌的唯一手段，现场消毒有以下三点：①阻止外部病原微生物侵害机体；②杀灭饲养过程中蓄积于舍内的病源污染；③维持舍内的清洁度，防止传染与非传染疾病在羊群间传播。

1. 影响消毒效果的主要因素

①存在有机物：有机物的存在，不管是什么消毒药，都将影响其消毒效果；

②pH值：由于羊舍内的pH值偏高，显碱性，而在酸性条件下才有效的消毒药其效果将受到影响；

③硬水：洗刷时用含有钙、镁、铁等较高的硬水或含有有机杂质，消毒药的效果将会下降，如苯制剂、煤酚制剂会发生分解；

④温度：消毒力一般随温度的升高而提高，但卤制剂（碘、氯）因蒸发而效力降低；低温时不管哪种消毒药效力都会降低，但下降程度因药剂不同而不同；

⑤人为因素：使用的方法不当，稀释的浓度太低或太高，喷洒不均等都会使消毒的效果降低。

2. 几种常用消毒药

（1）煤酚皂溶液：又名来苏儿，一般含50%的煤酚，为棕黄色液体，能溶于水和酒精中，对细菌作用良好，对病毒和芽孢作用不确定，常以3%～5%的浓度用于羊舍和用具的消毒，2%用于工作人员的手和皮肤的消毒。

（2）氢氧化钠（苛性钠、烧碱）：易溶于水，因此也易于潮解，要密闭保存。市售的是价格较低的含94%的粗制品，常用2%溶液消灭病毒和细菌，但对金属、油漆物品均有腐蚀性。

（3）石灰乳：10%～20%的石灰乳对细菌有效，但对芽孢无效。现配现用。

（4）过氧乙酸：市售的为20%的溶液，有效期半年，有强大的氧化性，杀菌作用快而强，对细菌、病毒、霉菌、芽孢均有效。本品的0.3%～0.5%溶液常用于各种消毒，效果好、费用低。

过氧乙酸的制法：

双氧水（过氧化氢）：冰醋酸：浓硫酸=70：140：71

生成的过氧乙酸含量高，在25℃条件下加0.4%草酸可提高过氧乙酸的稳定性。

（5）新洁尔灭溶液：常用5%溶液，抗菌范围广，用于皮肤、黏膜及用具的消毒，在碱性溶液中效果较好。

（6）高锰酸钾：产品为紫色结晶，易溶于水，是一种强氧化剂。0.1%溶液能杀死细菌，25%溶液在24小时内能杀死芽孢，在酸性溶液中效果增强。

（7）甲醛：常用的是含量40%甲醛制品，甲醛能与蛋白质中的氨基酸结合而使蛋白质变性，有强大的杀菌和刺激作用。对关闭严密的畜舍消毒效果较好。

（8）除菌净：除菌净是氯胺类有机氯消毒剂，对病毒杀灭时所要求的浓度低，对羊毒性极小，是预防和控制传染性呼吸道疾病的理想消毒剂。用1 000～2 000倍液对病毒和细菌有杀灭效果；200倍液喷雾与甲醛熏蒸效果无差异；400倍液对墙壁、地面喷洒消毒比常规2%碱液效果好，对设备的腐蚀性也弱。

（10）季铵盐类消毒药：为阳离子表面活性剂。对革兰氏阳性和阴性细菌均有杀菌作用，但对后者需较高的浓度；对芽孢、抗酸杆菌、病毒效果不显著；有抗真菌作用。在中性或弱碱性溶液中效果较好；在酸性溶液中效果显著下降。用于剖面、黏膜、皮肤和器械的消毒。

注意：禁与肥皂、盐类和其他洗剂、无机碱配伍使用；避免使用铝制容器；消毒金属器械需加0.5%亚硝酸钠防锈；可引起人的接触性皮炎。

（11）聚维酮碘：本品为消毒防腐剂，对多种细菌、芽孢、病毒、真菌等有杀灭作用。其作用机制是本品接触创面或患处后，能解聚释放出所含碘，发挥杀菌作用。特点是对组织刺激性小，适用于皮肤、黏膜感染。

75%的药用酒精可以直接消毒伤口，但是其刺激所产生的疼痛和损伤常人难以承受，所以只可直接消毒擦伤。可用于皮肤消毒，外伤皮肤黏膜消毒。

3. 消毒准备工作

①清扫与清洗：彻底清洁是有效消毒的前提，如果清洗不彻底，消毒就不会有效果。除了高活性的碱液（氢氧化钠）外，一般消毒剂即使有一点微量的有机物（污物、粪便）就会迅速失去消毒力，达不到杀灭病原菌的效果。提高浓度来消毒未清洗净的消毒对象，这个想法是荒谬的，即使提高2～4倍，也不会有任何效果，只会增加成本。另一方面还对设备造成腐蚀。

②干燥：水洗后应该干燥后再用消毒药，一方面怕稀释，另一方面渗透不足影响效果。

③消毒：消毒液的喷洒量至少2～3千克/平方米。要浸湿物体否则不能起到消毒的作用。

消毒讲究的是彻底，100次不彻底的消毒不及一次彻底的消毒。

使用两种消毒药时，原则上要分开使用，不能混合使用。

4. 几种常用的消毒方法（表3-1）

①喷雾消毒：主要用于呼吸道病，杀灭空气中的病原微生物，使悬浮的尘埃迅速降落，维护舍内空气的清洁度，在夏季又有降温的作用。要选择刺激性小的药。

②脚踏消毒池：一是量要足，二是要间隔一定时间更换新药。苯制剂、氯苯制剂每天更换一次；碘制剂2～3天更换一次；苛性钠4～5天更换一次；新洁尔灭每周更换一次，以上均为100倍液。

表3-1 常用消毒方法与消毒药物

适用场所、目的	消毒药物与消毒方法
球虫、乱囊、芽孢	3%～5%漂白粉、0.2%～1%过氧乙酸、火焰消毒或发酵、干燥
一般细菌、病毒（羊舍用具类）	碘酊、新洁尔灭、烧碱、福尔马林熏蒸
霉菌类	碘酊、0.2%～1%过氧乙酸、火焰
排水沟、泥土、墙壁	10%生石灰乳剂或石灰、翻晒、干燥
进出消毒池	来苏儿、碘制剂
饮水	0.000 5%漂白粉

四、引种事项

种羊的引进需要注意以下几点：

①选择健康无病的种羊；

②选择生产性能优异的品种；

③选择当地抵抗力强的地方品种。

五、重视日常管理

加强日常饲养管理：

①饲草饲料管理（无霉变、无露水、无毒）；

②饮水管理（清洁卫生、温度、足量）；

③营养管理（营养平衡、精粗合理、青干搭配、干湿合理、稳定供给）；

④挤奶管理（程序、要求、严防过度挤奶、后药浴）；

⑤羊舍的卫生管理（场地卫生和空气卫生）。

六、认真做好疫苗接种和药物预防工作

（一）奶山羊免疫疾病谱的制定原则

（1）国家计划免疫的必须免疫谱：口蹄疫、小反刍兽疫；

（2）当地流行、普遍流行的对奶山羊危害较大的非计划免疫传染病：传染性胸膜肺炎、三联四防、羊痘、羊口疮、链球菌等；根据奶山羊往年发病的病史资料、危害性的大小、病毒性病优先的原则安排防疫。

（3）母羊的免疫程序必须考虑：其一，保障繁殖性能不受危害；其二，保证初乳中含有足够的母源抗体；其三，保障母羊的身体健康，不受疾病的侵害。

①配种前必须完成所有能够造成母羊流产的疫病预防及治疗，包括加强免疫；

②羔羊痢疾，必须在产前45天免疫，甚至要在产前20天再加强一次；

③羔羊口疮流行比较严重时，也要在产前一个月左右安排口疮疫苗或者羊痘疫苗的接种，以保护羔羊免受病毒侵害。

（二）推荐两个免疫程序

1. 羔羊常用免疫程序

羔羊的免疫力主要从初乳中获得，在羔羊出生后1小时内，保证吃到初乳（表3-2）。

表3-2　羔羊常用免疫程序

日龄	疫苗名称	用法用量
7～15日龄	三联四防	颈部肌肉注射1头份（产前母羊45天没有预防的，羔羊必须5～7天预防）
10～20日龄	连续使用预防球虫药物	拌料按说明
15～20日龄	羊痘活疫苗（羊痘一口疮两联）	尾根皮内注射1头份（产前母羊45天没有预防的羔羊提前7～10天预防）
15～30日龄	山羊传胸疫苗	颈部皮下注射2毫升
45～55日龄	氯氰碘柳胺钠注射液	皮下或肌肉注射5～10毫升/千克体重
50～60日龄	羊链球菌疫苗	颈部皮下注射5毫升
断奶当天	小反刍兽疫活疫苗	颈部皮下注射1头份
断奶后	口蹄疫灭活疫苗	颈部肌肉注射1头份

1.布病疫苗要根据所在地区的疫情选择性接种，接种日龄为3月龄以上的羔羊及成年羊，接种时注意个人防护。

2.口疮疫苗接种时比较困难，可以在母羊配种前加强羊痘疫苗的免疫，产前1个月加强羊痘疫苗免疫，接种时注意机械性流产。

3.一月龄预防的疫苗，出月断奶后再加强免疫一次。

2. 成年母羊春秋免疫程序（表3-3）

表3-3 成年母羊春秋免疫程序

免疫时间	疫苗名称	用法用量	免疫对象	备 注
分娩当天	破伤风类毒素 精制破伤风抗毒素	一头份 1 500 IU	分娩母羊 新生羔羊	两者选择一种
3月、9月 上旬	山羊痘活疫苗	尾根皮内注 1头份	生产母羊及 种公羊	没有接种过羊痘疫苗的孕羊不建议接种（流产概率大），配种前注射
3月、9月 上旬	小反刍兽活疫苗	颈部皮下注 1头份	生产母羊及 种公羊	三月份免疫过的青年母羊配种前再加强免疫一次
3月、9月 上旬	口蹄疫灭活疫苗	颈部肌注 1头份	生产母羊及 种公羊	妊娠后期不建议接种（流产概率大），配种前注射
3月、9月 中旬	三联四防	颈部肌肉或皮下注射 1头份	生产母羊及 种公羊	临产前30～45天注射
3月、9月 下旬	羊传胸疫苗	颈部皮下注射3毫升	生产母羊及 种公羊	妊娠后期不建议接种（流产概率大），配种前注射
3月、9月 下旬	羊链球菌疫苗	颈部皮下注射5毫升	生产母羊及 种公羊	妊娠后期不建议接种（流产概率大），配种前注射

1. 妊娠后期漏打的生产母羊进入断奶恢复期时补打相应的疫苗。
2. 产前20～40天接种一次或两次羊多联必应（三联四防）。

（三）防止免疫失败

①正确地选择疫苗。选择大厂信誉好、质量好的疫苗。有活苗的尽量选择活苗，免疫效果好。

②国家计划免疫的必须免疫程序不要任意更改。

③要避免有多少疫苗就用多少疫苗的错误防病思想。本着简约高效的原则，对非必须免疫疾病要有选择性，抓住本地、本场主要疾病进行免疫，避免疫苗间的相互干扰。

④减少免疫抑制。特别是在非挤奶期，不注意玉米质量，霉菌毒素对免疫器官造成很大的危害。

⑤可以使用一些免疫增强剂。5%的左旋咪唑1毫升/10千克，加入疫苗中，可快速提高免疫水平。

⑥搞好羊舍的小环境，防止有害菌在免疫空窗期的危害。

⑦规范接种操作。对奶山羊要"一人保定，一人接种；做到一羊一消毒，一羊一针头"；健康羊可以一圈一针头；"做到接种一只，标记一只，不漏注，不复注，并按羊的大小选择针头。"

第二节 奶山羊传染病的防与治

（一）口蹄疫

口蹄疫俗名"口疮""辟癀"，是由口蹄疫病毒所引起的偶蹄动物的一种急性、热性、高度接触性传染病。主要侵害偶蹄兽，其临床诊断特征为口腔黏膜、蹄部和乳房皮肤发生水疱。

潜伏期1～7天，平均2～4天，精神沉郁，闭口，流涎，体温可升高到40～41℃。发病1～2天后，齿龈、舌面、唇内面可见到蚕豆到核桃大的水疱，涎液增多并呈白色泡沫状挂于嘴边。采食及反刍停止。在口腔发生水疱的同时或稍后，趾间及蹄冠的柔软皮肤以及乳房上也发生水疱，也会很快破溃。

1. 病理变化

除口腔和蹄部病变外，还可见到食道和瘤胃黏膜有水疱和烂斑；胃肠有出血性炎症；肺呈浆液性浸润；心包内有大量混浊而黏稠的液体。恶性口蹄疫可在心肌切面上见到灰白色或淡黄色条纹与正常心肌相伴而行，如同虎皮状斑纹，俗称"虎斑心"。

2. 诊断要点

①发病急、流行快、传播广、发病率高；

②大量流涎；

③口、蹄、乳房等部位特征性病变（水泡、糜烂）；

④恶性口蹄疫时可见虎斑心；

⑤最终确诊需经国家参考实验室检测。

3. 防控措施

一旦发生口蹄疫，需严格按照国家口蹄疫防治技术规范处置。

预防：口蹄疫疫苗免疫接种（O型、A型、亚洲Ⅰ型）。

（二）小反刍兽疫

小反刍兽疫（PPR，也称羊瘟）是由副黏病毒科麻疹病毒属小反刍兽疫病毒（PPRV）引起的，以发热、口炎、腹泻、肺炎为特征的急性接触性传染病，山羊和绵羊易感，山羊发病率和病死率均较高。世界动物卫生组织（OIE）将其列为法定报告动物疫病，我国将其列为一类动物疫病。

小反刍兽疫病毒比较脆弱，干燥曝晒易灭活病毒。70℃以上，迅速灭活。在环境温度4℃、pH值7.2~7.9，病毒稳定，但如果pH值高于9.6或低于5.6，病毒迅速灭活。病毒对脂溶性溶剂敏感；对多数普通消毒剂如氯制剂、碘制剂、石炭酸（苯酚）、甲酚、氢氧化钠等敏感。

羊瘟有其特征性的临床表现和解剖学变化。通过临床和剖检检查，可基本认定临床疑似羊瘟病例，确诊需要专门机构进行实验室检验。

山羊临床症状比较典型，绵羊症状一般较轻微，临床表现包括以下几种类型：

温和型：症状轻微，发热，类似感冒症状。

标准型：症状明显、典型，主要包括：

（1）突然发热。精神沉郁，发病2~3天后体温达40~42℃。持续3天左右，病羊死亡多集中在发热后期。

（2）流鼻涕。流水样到大量黏脓性鼻液，阻塞鼻孔，造成呼吸困难。鼻内膜发生坏死。

（3）流眼泪。流泪到流黏稠性分泌物，遮住眼睑，出现结膜炎，眼睁不开。

（4）咳嗽。

（5）口腔炎症。口腔内膜轻度充血到糜烂；下齿龈斑点状坏死，并扩展到齿垫、硬腭、颊和颊乳头以及舌，坏死组织脱落形成不规则的浅糜烂斑。口腔病变温和的羊，病变可在48小时内愈合，病羊可很快康复。

（6）腹泻。多数病羊严重腹泻或下痢，脱水，体重下降。

（7）怀孕母羊会发生流产。

（8）发病率通常达60%以上，病死率可达50%以上。 小羊更高。

特急型：发热后突然死亡，无其他症状。

（三）羊痘

1. 流行特点

山羊痘由山羊羊痘病毒引起，病毒核酸为DNA。在自然条件下本病较为少见，仅感染山羊，同群绵羊不受感染。

2. 临床症状

山羊痘病分前驱期、发痘期、结痂期。病初体温升高，达到41～42℃，呼吸加快，结膜潮红肿胀，流黏液脓性鼻汁。经1～4天后进入发痘期。痘疹多见于无毛部或被毛稀少部位，乳房、眼睑、嘴唇、鼻部、腋下、尾根以及公羊的阴鞘、母羊阴唇等处，先呈红斑，1～2天后形成丘疹，突出皮肤表面，随后形成水泡，此时体温略有下降，再经2～3天，由于白细胞集聚，水泡变为脓疱，此时体温再度上升，一般持续2～3天。在发痘过程中，如没有其他病菌继发感染，脓疱破溃后逐渐干燥，形成痂皮，即为结痂期，痂皮脱落后痊愈。

3. 病理变化

该病在咽喉、气管、肺和第四胃等部位出现痘疹。在消化道的嘴唇、食道、胃肠等黏膜上出现大小不同扁平的灰白色痘疹，其中有些表面破溃形成糜烂和溃疡，特别是唇黏膜与胃黏膜表面更明显。但气管黏膜及其他实质器官，如心脏、肾脏等黏膜或包膜下则形成白色扁平或半球形的结节，特别是肺的病变与腺瘤很相似，多发生在肺的表面，切面质地均匀，但很坚硬。数量不定，性状则一致。在这种病灶的周围有时可见充血和水肿等。

4. 诊断方法

根据典型症状和病理变化可做出诊断，确诊需做进一步实验室诊断。

5. 防治方法

山羊痘以往是用绵羊痘鸡胚化弱毒苗进行免疫接种，但现已研制出山羊痘活疫苗，并用于临床预防，每只羊0.5毫升，股内侧或尾根内侧皮内注射，免疫期一年。

（四）传染性脓疱疹

1. 流行特点

羊传染性脓疱又名羊传染性脓疱性皮炎，俗称羊口疮，是绵羊和山羊的一种急性接触性传染病。

该病在自然条件下主要侵害羊只，所有品种、不同性别和不同年龄的羊均可感染，其中，3~6月龄羔羊最易患病。病死率较高，成年羊发病较少，呈散发性传染。该病多发生于秋季、冬末、春初，病羊和带毒动物为主要传染源，病毒存在于病羊皮肤和黏膜的脓包和痂皮内，主要通过损伤的皮肤、黏膜侵入机体，病畜的毛发、尸体、污染的饲料、饮水、牧地、用具等可成为传染媒介。由于病毒对外界的抵抗力较强，故该病在羊群中常可连年流行。人因与羊接触也会传染。

2. 临床症状

本病发生时，首先在羊的嘴唇上发生散在的红疹，渐变为脓包。脓包破裂后覆盖一些淡黄色的疣状痂皮，痂皮逐渐增厚，扩大干裂。经10天左右脱落。病变损害口腔黏膜，下唇及门齿齿龈红肿，继而蔓延至口唇、舌，在下唇黏膜及舌尖两侧尤为常见。黏膜上初为小红斑，水泡期不多看到，经过3天左右红斑处变为芝麻大小的单个脓疱，其中充满淡黄色的脓汁，附近的脓疱逐渐融合，随即破裂，形成大小不一的烂斑或溃疡，上覆以腐乳状物，有恶臭，黏膜发白。有些下门齿齿龈肉芽增生，高出齿面，红白相间似蜂窝状。羔羊嘴不能闭拢，外观奇特，严重的病例舌根溃烂，病羊口腔流出恶臭液，不能采食或吞咽困难，被毛粗乱，精神委顿，呆立，常垂头卧地呻吟。以后则可见到严重的增生现象，真皮结缔组织大量增生，将表皮分割成许多乳头状的突起，一般经过3周左右，病变开始痊愈，增生逐渐消失。严重病例若不及时治疗，可因衰竭死亡。

3. 病理变化

对病死羊进行剖检，除羊的口角、舌面、唇等部位有溃疡结痂等病变外，气管、肺脏充血，小肠内壁轻度出血，心脏和心外膜有点状出血。

4.诊断方法

羊感染传染性脓疱病的临床症状诊断方法比较简单，根据发病临床症状和羊口角周围的增生痂，即可最初诊断。

5.防治方法

（1）购买羊只时，尽量不从疫区购入，并要严格产地检疫、运输检疫和购入检疫，还要做好消毒工作，这是减少该病发生的主要措施。

（2）加强饲养管理，抓好秋膘，冬春补饲；经常打扫羊圈，保持清洁干燥，并要做好防寒保暖工作；要注意保护羊只的皮肤、黏膜完好，捡出饲料、垫草中的铁丝、竹签等芒刺物，避免饲喂带刺的草或在有刺植物的草地放牧；平时加喂适量食盐，以防羊只啃土、啃墙而引起口唇黏膜损伤。

（3）疫区羊群每年定期预防接种。对出生15日龄以后的羔羊，可用口疮弱毒细胞冻干疫苗，用生理盐水稀释后，口腔黏膜内接种0.2毫升/只。

（4）一旦羊只发病，应立即隔离治疗，封锁疫区。对尚未发病的羊只或邻近受威胁羊群，可用疫苗紧急预防接种。

（5）病死羊尸体应深埋处理或焚烧，圈舍要彻底消毒；常用消毒药有：3%石炭酸（苯酚）、2%火碱或20%的石灰乳等。兽医及饲养人员治疗病羊后，必须做好自身消毒，以防传染。

（6）治疗措施：用刀片轻轻刮掉干硬痂皮，用3%碘甘油或红霉素软膏、磺胺类软膏涂抹在清洗过的创面上，2～3次/天，剥掉痂皮或假膜要集中烧毁，以防散毒。痂皮较硬时，先用水杨酸软膏将痂皮软化，除去痂皮后用0.2%的高锰酸钾冲洗创面，然后再涂以碘甘油等药物，每天1～2次，愈合为止。

（五）奶山羊关节炎脑炎

1.流行特点

山羊病毒型关节炎脑炎是由反转录病毒科慢病毒属山羊关节炎脑炎病毒引起的山羊的慢性传染病。患病山羊和潜伏期隐性羊是该病的主要传染源，该病的主要传播方式为水平传播，子宫内感染偶尔发生，感染途径以消化道为主，病毒经乳汁感染羔羊。被污染的饲草、料、饮水等可成为传播媒介，水平传播至少同舍放牧12个月。在自然条件下，只在山羊间互相传染发病，绵羊基本上不易感染。

2. 临床症状

根据临床表现分为以下四型：

（1）关节型：多发生于一岁以上成年山羊，病程较长为1～3年。炎症部位主要在腕关节，其次为膝关节和跗关节，炎症初期关节周围组织肿胀、发热，有波动感，疼痛，有程度不同的跛行，进而关节显著肿大，行动不便，前膝跪地。膝型个别病例颈浅淋巴结等淋巴结肿大。

（2）脑脊髓炎型：主要发生于2～4月龄的羔羊，病初表现为精神沉郁、跛行，进而四肢僵硬、共济失调，一肢或四肢麻痹，四肢划动；有些病羊眼球震颤，惊恐、角弓反张，头颈歪斜或做圆圈运动；也有病例可见面神经麻痹，吞咽困难，双目失明，病程为半个月至数年，多以死亡告终。

（3）间质性肺炎：少见，各种年龄均可发生，但成年山羊多发，病程3～6月，病羊表现为进行性消瘦、咳嗽、呼吸困难。

（4）哺乳母羊可发生乳腺炎，乳房硬肿，少乳或无乳。

上述四种病例可独立发生，也可混合发生。

3. 病理变化

（1）关节炎型：关节肿胀关节腔充满黄色或淡红色液体，其中混有纤维素，絮状物，滑膜呈慢性滑膜炎变化，增厚、有点状出血，常与关节软骨粘连。

（2）脑脊髓炎型：主要呈现非化脓性脑炎变化。

（3）间质性肺炎型：眼观仅见肺肿大，质地较硬，表面散在灰白色小点，切面有大叶性或小叶性实变区，镜检呈典型的间质性肺炎变化，在细支气管和血管周围有单核细胞形成的管套，肺泡上皮增生、肺泡隔增厚，小叶间结缔组织增生。

（4）硬结性乳房炎型：镜下可见间质有大量淋巴细胞，浆细胞以及单核细胞浸润，并伴有间质灶状坏死。

4. 诊断方法

根据临床症状和病变特征，可怀疑为本病。确诊应依靠病原分离鉴定和血清学实验，如琼脂扩散实验。本病应与梅迪—维斯纳病相区别，后者肺膨大明显，淋巴细胞性肺炎、脑炎、关节炎、乳腺炎很突出，脑白质有脱髓鞘空洞形成。

5. 防治方法

本病目前尚无疫苗预防，无有效治疗方法，故应定期检疫羊群及时淘汰血清学反应阳性的羊只。

（六）奶山羊传染性伪狂犬病

羊的伪狂犬病又名"传染性延髓麻痹""奇痒病"，是由伪狂犬病病毒引起的家畜和野生动物共患的一种急性传染病，临床上以发热、奇痒及脑脊髓炎症状为特征，给养羊业造成了一定的威胁和损失。本病主要侵害中枢神经系统，因临诊表现与伪狂犬病相似，曾一度被误认为狂犬病，后证实是由不同的病毒所引起的，被命名为伪狂犬病以示区别。

1. 病原及流行特点

伪狂犬病病毒，在分类上属于疱疹病毒科水痘病毒属，核酸类型为双股RNA。伪狂犬病病毒具有疱疹病毒的一般形态特征，成熟的病毒粒子由含有基因组的核心、衣壳和囊膜三部分组成，伪狂犬病病毒能在鸡胚及多种哺乳动物细胞上培养增殖并产生核内嗜酸性包涵体。

病毒在发病初期存在于血液、乳汁、尿液及脏器中，而在疾病后期则主要存在于中枢神经系统。

该病毒对外界环境抵抗力强，畜舍内干草上的病毒夏季可存活3天，冬季可存活46天。

羊感染伪狂犬病，多与带毒的猪、鼠接触有关。本病主要通过消化道、呼吸道感染，也可经受伤的皮肤黏膜及交配传染，或者通过胎盘、哺乳发生垂直传染。本病一般呈地方性流行或流行性，以冬春季发病较多。

2. 临床症状

潜伏期为3～6天。羊感染伪狂犬病多呈急性病程，体温升高，精神委顿，肌肉震颤，出现奇痒。常见病羊用前肢摩擦口唇、头部等痒处，有时啃咬痒部并发出凄惨叫声或撕痒部被毛。病羊卧地不起，食欲减退或拒食，咽喉麻痹，流出带泡沫的唾液即浆液性鼻液，多于发病后1～2天内死亡，山羊患病病程可稍有延长。

3. 剖检变化

典型病例，可见皮下水肿、淋巴结出血、气管弥漫性出血，肺脏淤血、出血，肝脏有大小不一的白色坏死灶，肾脏有白色坏死，肠道充血、出血，脑回出血等。

4. 诊断要点

临床特征，皮肤红肿剧痒、摩擦；

剖检变化，呼吸道、消化道、脑部出血。

5. 预防措施

①本病流行区域，可用伪狂犬病弱毒细胞苗进行免疫接种，4月龄以上羊肌内注射1毫升，接种后6天产生免疫力，保护期可达一年，国内研制的牛羊伪狂犬病氢氧化铝甲醛灭活苗，证明有可靠的免疫效果；

②尽量不从疫区引种，若购羊，须严格检疫、隔离观察，证实无病后方可混群饲养；

③消灭牧场内的鼠类，避免羊群与猪接触或混养。

6. 治疗措施

早期可用抗伪狂犬病高免血清治疗病羊，疗效尚好，目前尚无其他有效治疗方法或药物。

（七）奶山羊地方性鼻内腺瘤

山羊地方性鼻内肿瘤（Enzootic Nasal Tumor， ENT），又称山羊地方性鼻内腺瘤，是由山羊地方性鼻内肿瘤病毒（Enzootic Nasal Tumor Virus of Goats， ENTV-2）引起的一种慢性、进行性、接触性传染病。该病发病率为5%～15%，至今没有有效的措施进行早期诊断，一旦出现临床症状，几乎都以死亡告终。

1. 流行特点

最初仅个别山羊发病，发病率不超过0.5%，随后发现发病山羊的数量有增加趋势，病羊后期多表现出全身性衰竭、窒息而死，此病无明显的季节性，不同年龄和性别的山羊均有发病，但主要是成年山羊。

2. 临床症状

病羊初期从鼻内流出稀薄的浆液性鼻液后变成浓稠的鼻液，鼻孔周围常有鼻痂附着，随后逐渐出现呼吸困难，病羊不断甩头，并不时发出鼻塞音。部分患病严重的山羊眼球外凸有的甚至发生穿孔，从孔中流出大量的分泌物，多数患羊在后期视力减退甚至丧失。晚期病羊呼吸困难，食欲废绝，全身性衰竭，最后窒息而死，但多因经济方面的原因，病羊在死亡前即被屠宰，体温无明显变化，病程长达3～5个月。

3. 剖检病变

羊鼻腔内充满纤维状分泌物或者浓稠黏液，双侧鼻道内均有淡粉红色的增生物，似菜花状，以蒂与鼻黏膜联结，质软易碎，部分羊只眼球突出，有的眶下孔有穿孔现象，从孔内流出黏稠的分泌物，全身淋巴结肿大，肺脏出血，压迫有实感。

4. 显微观察

取病变组织及鼻腔增生物制作病理切片，镜下可观察到增生物具有腺瘤的特点，其表面为一层柱状上皮细胞构成的荚膜，基质为疏松的结缔组织，其间分布有大量血管，瘤细胞形态基本一致，排列成不规则的腺泡结构，内有较多分泌物，其他组织未见明显病理损伤。

5. 预防治疗

本病目前无治疗方法，只能做净化处理。发现病羊立即隔离淘汰。

二、奶山羊细菌性疾病

（一）布氏杆菌病

布氏杆菌病是由布氏杆菌引起的人、畜共患传染病。在家畜中，牛、羊、猪最常发生，且可由牛、羊、猪传染于人和其他家畜。其特征是生殖器官和胎膜发炎，可引起流产、不育、关节炎和各种组织的局部病灶。本病广泛地分布于世界各地，引起不同程度的流行，给畜牧业和人类健康带来严重的危害。

病原：布鲁氏菌属有六个种，即马耳他布鲁氏菌、流产布鲁氏菌、猪布鲁氏菌、林鼠布鲁氏菌、绵羊布鲁氏菌和狗布鲁氏菌。习惯上称马耳他布鲁氏菌为羊布鲁氏菌，流产布鲁氏菌为牛布鲁氏菌。各个种属菌株之间，形态及染色特性等方面无明显差异。

马耳他布鲁氏菌，球状或短杆状，无鞭毛，不运动，不能形成芽孢，革兰氏染色阳性。在阳光直射下1小时左右死亡，煮沸几分钟死亡，巴氏灭菌10～15分钟杀死，对于干燥和寒冷有较强的抵抗力，在干燥土壤内37天死亡，在阴暗处或粪水中，可存活6个月。对一般消毒药敏感，如2%克辽林、来苏水、3%漂白粉、5%鲜石灰、2%的火碱等数分钟即可杀死。

1. 流行病学

易感动物：主要是羊、牛、猪。

传染源：病畜及带菌动物（包括野生动物）。最危险的是受感染的妊娠母畜，它们在流产或者分娩时将大量的布鲁氏菌随着胎儿、胎衣和胎水排出。流产后的阴道分泌物以及乳汁中都含有布鲁氏菌。布鲁氏菌感染的睾丸炎，精囊中也有布鲁氏菌存在，这种情况在公猪显得更为重要。有一段时间由粪便排出病菌，此外，布鲁氏菌或从尿中排出。

传播途径：主要传播途径是消化道及摄取对病原体污染的饲料与饮水而感染，但经皮肤感染也有一定重要性。曾有实验证明，通过无创伤的皮肤使牛感染成功，如果皮肤有创伤，则更易被病原菌侵入，其他如通过结膜、交媾也可感染。吸血昆虫可以传播布鲁氏菌，实验证明布鲁氏菌在蜱体内存活时间较长，且保持对哺乳动物的致病力。通过蜱的叮咬可以传播此病，但由布鲁氏菌病疫区收集的蜱，只有很少含有布鲁氏菌，所以它的流行病学意义如何尚待进一步的探讨。

2. 发病机理

布鲁氏菌侵入羊体后，在几日内达到侵入门户附近的淋巴结内，由此再进入血液中，发生菌血症，引起体温升高，且时间长短不等。菌血症消失，经过长短不等的间隙后，可再发生菌血症。侵入血液中的布鲁氏菌，散布在各个器官中，可在停留器官中引起任何病理变化，同时可能有细菌由粪尿中排出，但是到达各器官的布鲁氏菌，也有的不引起任何病理变化，常在48小时内死亡，以后只能在淋巴结中找到。布鲁氏菌在胎盘、胎儿和胎衣组织中特别适宜生存繁殖，其次是乳腺组织，淋巴结，特别是乳腺组织相应的淋巴结、骨骼、关节、髓鞘和滑液囊，以及睾丸、附睾、精囊等也都适于布鲁氏菌驻留。

布鲁氏菌是可以寄生在细胞内的细菌，能在畜主的巨噬细胞及上皮细胞内生存发育。有毒菌株菌体外有蛋白外衣保护，它在细胞内生存并产生全身传染，这种能力可使细菌逃避畜主免疫结构并长期生存。

研究发现，赤藓醇是布鲁氏菌有利的生长刺激物。在牛、羊、猪的胎盘中赤藓醇的含量水平较高，雄性动物的生殖器也含有赤藓醇，这就对睾丸内传染局限化有了解释。布鲁氏菌利用赤藓醇优先于利用葡萄糖，说明雄性及妊娠母畜生殖系统中赤藓醇的存在，细菌得到大量繁殖。通常在流产后子宫内布鲁氏菌存在时间不长，数日后则不能找到，这可以解释为赤藓醇只有在妊娠子宫中有大量存在。

3. 症状

潜伏期两周至六个月，最显著的症状是流产，流产前食欲减退，口渴、委顿，阴道流出黄色黏液等，流产发生在妊娠的第三或第四个月，有的山羊流产2~3次，有的则不发生流产，但也有报道山羊群中流产率达40%~90%。其他症状可能还有乳房炎、支气管炎、关节炎及滑液囊炎而引起跛行。公畜睾丸炎、乳山羊的乳房炎常较早出现，乳汁有结块，乳量可能减少，乳腺组织有结节性变硬。绵羊布鲁氏菌可引起绵羊附睾炎。

4. 病理变化

胎衣呈黄色胶冻样浸润，有些部位覆有纤维蛋白絮片和脓液，有的增厚而夹杂有出血点，绒毛叶部分或全部贫血呈苍黄色，或覆有灰色或黄绿色黏液絮状物，或覆有脂肪状渗出物。胎儿胃特别是第四胃中有淡黄色或白色黏液絮状物，肠胃和膀胱的浆膜下，可能见有点状或线状出血，浆膜腔有微红色液体，腔壁上可能附有纤维蛋白凝块，皮下呈出血性浆液性浸润。淋巴结、脾脏和肝脏有程度不等的肿胀，有的散有炎性坏死灶。脐带常呈浆液性浸润、肥厚。胎儿和新生羔羊可能见有肺炎病灶。公羊生殖器官，精囊内可能有出血点和坏死灶，睾丸和附睾可能有炎性坏死和化脓灶。

5. 诊断

根据流行病学资料，流产胎儿胎衣的病理损害，胎衣滞留以及不育等都有助于布鲁氏菌病的诊断，但确诊只有通过实验室诊断才能得出结果。

6. 防疫措施

应当着重体现"预防为主"的原则，在未感染畜群中控制布鲁氏菌病的传入，其最好的办法是自繁自养。必须引进种畜或补充需求时，要严格执行检疫，即将新引进羊隔离饲养两个月，同时进行布鲁氏菌病的检查。全群2次免疫生物学检查阴性者才可以与原有的牲畜接触。畜群还应定期检疫，至少一年1次，一经发现，即应淘汰。

畜群中如果发现流产，除隔离流产畜和消毒环境及流产胎儿、胎衣外，应尽快做出诊断，确诊为布鲁氏菌病，或在畜群检疫中发现本病，均应采取措施进行消灭。消灭布鲁氏菌病的措施是：检疫、隔离、控制传染源、切断传播途径、培养健康畜群及主动免疫接种。

培养健康羔羊群则在羔羊断乳后隔离饲养，一个月内做2次免疫生物学实验，如有阳性，除淘汰外再继续检疫一个月，至全群阴性，则可认证为健康羔羊群。

全场采用轮区饲养的方式，对一个饲养单元进行：彻底清扫消毒并空圈两个月，再重新投入使用。

菌苗接种是控制布鲁氏菌病的有效措施，已经证实布鲁氏菌病的免疫机理是细胞免疫，在目前情况下，只有菌苗接种引起机体的主动免疫才是抗布鲁氏菌较好的措施。

疫苗种类：

一种是猪布鲁氏菌2号弱毒活菌苗（简称猪型2号），对山羊、绵羊、猪、牛都有较好的免疫力；免疫途径：口服或皮下注射。

另一种是马耳他布鲁氏菌5号弱毒活菌苗（简称羊型5号），对山羊、绵羊、猪、牛都有较好的免疫力；免疫途径：皮下注射或点眼。

菌苗只给生物学检查阴性的畜群接种。

7. 公共卫生

兽医、牲畜管理人员、乳肉加工人员、畜产品初步处理人员及实验室工作人员等感染的机会最多。特别是当患畜流产或分娩之际，是最可能感染的时期。另外喝生乳、挤奶工操作后洗手不彻底、手上有伤口都会感染布鲁氏菌。

人类布鲁氏菌病的临诊表现多样，有急性，亚急性和慢性。急性和亚急性有菌血症，主要表现呈波形热，寒颤、盗汗、全身不适、关节炎、神经痛、肝脾肿大以及睾丸炎、附睾炎等，孕妇可能流产，有些病例经过短期急性发作后会恢复健康，有的则反复发作。慢性布鲁氏菌病通常无菌血症，但感染可持续多年。

8. 布氏杆菌病的诊断方法

（1）细菌学诊断：采取羊的流产胎儿、胎盘、阴道分泌物等作细菌学检查。羊奶的检查尤其有意义，因为慢性病例一般都由奶汁排菌，检查方法是采用显微镜检查、分离培养、接种豚鼠等。

（2）血清学诊断：目前，我国以凝集反应和变态反应作为诊断羊布氏杆菌的基本方法，补体结合反应和羊奶凝集素的检查只作为辅助方法，这几种反应的出现规律，与牛布氏杆菌病大致相同，但羊布氏杆菌病的变态反应一般在病愈后6～12个月消失。

凝集反应对羊布氏杆菌有很高的诊断价值，它的出现和消失在一定程度上反映着病情的发展和停息，羊出现凝集反应的早晚与感染剂量有密切的关系。根据兽医工作者实验观察，给羊感染以较大剂量的羊种布氏杆菌，经过4～7天即出现凝集反应。如感染30～40个感染量，通常经过7～14天出现凝集反应，健康羊与病羊混居后出现凝集反应很不一致，最早的经过14～20天就可以出现凝集反应。

在自然条件下，羊群发生大量流产之后，经过6～10个月，凝集反应阳性即迅速减少，一年之后变得更少。

9. 补体结合反应

补体结合反应，对羊布氏杆菌病的诊断具有较高的特异性和敏感度，补体结合抗体在血清中的稳定性，也较凝集素强，且在室温放置较长时间也不至于完全失效。补体结合实验的另一个优点是可以做鉴别接种疫苗的凝集反应和自然感染的凝集反应之用，给羊注射羊5号菌苗或口服猪2号菌苗之后6个月，虽然凝集反应仍为阳性，但补体结合反应已经变为阴性；而自然病羊则与此不同，补体结合反应消失比凝集反应较晚，因此可以利用这种差别进行鉴别试验。

10. 变态反应

羊患该病后3～5周即出现变态反应，可用皮内注射布氏杆菌抗原检验。变态反应的持续周期长，即病愈之后6～12个月仍可出现。

变态反应诊断法的缺点是有些病羊虽已康复，但仍出现变态反应而被当成病羊看待。另一个缺点是病羊生下的羔羊在吃奶期间和断奶以后的1～2个月内一般不出现变态反应，虽然细菌学检验证明这些羔羊中的一部分是带菌的。因此，用此法检查羊群布氏杆菌病时应考虑到这些因素。

（二）羊支原体性肺炎（羊传性胸膜肺炎）

1. 病原

引起山羊传染性胸膜肺炎的病原体为丝状支原体山羊亚种，为细小、多变性的微生物，革兰氏染色阴性。

2. 流行病学

在自然条件下，丝状支原体羊传染性胸膜肺炎山羊亚种只感染山羊，本病见于许多国家，我国也有发生，特别是饲养山羊的地区较为多见。以山羊最易感，而绵羊肺炎支原体则可感染山羊和绵羊。病羊和带菌羊是本病的主要传染源。本病常呈地方流行性，接触传染性很强，主要通过空气—飞沫经呼吸道传染。阴雨连绵，寒冷潮湿，羊群密集、拥挤等因素，有利于空气—飞沫传染的发生；主要见于冬季和早春季节，羊只营养缺乏，容易受寒感冒，因而机体抵抗力降低，较易发病，发病后病死率也较高；呈地方流行；冬季流行期平均为15天，夏季可维持2个月以上。潜伏期：短者5～6天，长者3～4周，平均18～20天。

3. 临床症状

根据病程和临床症状，可分为最急性、急性和慢性三种类型。

①最急性：病初体温增高，可达41～42℃，极度委顿，食欲废绝，

呼吸急促而伴有痛苦的鸣叫声。数小时后出现肺炎症状，呼吸困难，咳嗽，并流浆液带血鼻液，肺部叩诊呈浊音或实音，听诊肺泡呼吸音减弱、消失或呈捻发音。12～36小时内，渗出液充满病肺并进入胸腔，病羊卧地不起，四肢直伸，呼吸极度困难，每次呼吸则全身颤动；黏膜高度充血，发绀；目光呆滞，呻吟哀鸣，不久窒息而亡。病程一般不超过4～5天，有的仅12～24小时。

②急性：最常见。病初体温升高，继之出现短而湿的咳嗽，伴有浆液性鼻漏。4～5天后，咳嗽变干而痛苦，鼻液转为黏液—脓性并呈铁锈色，高热稽留不退，食欲锐减，呼吸困难和痛苦呻吟，眼睑肿胀，流泪，眼有黏液—脓性分泌物。口半开张，流泡沫状唾液。头颈伸直，腰背拱起，腹肋紧缩，最后病羊倒卧，极度衰弱委顿，有的发生臌胀和腹泻，甚至口腔中发生溃疡，唇、乳房等部皮肤发疹，濒死前体温降至常温以下，病期多为7～15天，有的可达1个月。幸而不死的转为慢性。孕羊大批（70%～80%）发生流产。

③慢性：多见于夏季。全身症状轻微，体温降至40℃左右。病羊间有咳嗽和腹泻，鼻涕时有时无，身体衰弱，被毛粗乱无光。在此期间，如饲养管理不良，与急性病例接触或机体抵抗力由于种种原因而降低时，很容易复发或出现并发症而迅速死亡。

4. 预防

平时预防，除加强一般措施外，关键问题是防止引入或迁入病羊和带菌者。新引进羊只必须隔离检疫1个月以上，确认健康时方可混入大群。免疫接种是预防本病的有效措施。我国目前除原有的用丝状支原体山羊亚种制造的山羊传染性胸膜肺炎氢氧化铝苗和鸡胚化弱毒苗以外，最近又研制成功绵羊肺炎支原体灭活苗。应根据当地病原体的分离结果，选择使用。发病羊群应进行封锁，及时对全群进行逐头检查，对病羊、可疑病羊和假定健康羊分群隔离和治疗；对被污染的羊舍、场地、饲管用具和病羊的尸体、粪便等，应进行彻底消毒或无害化处理。

5. 治疗

恩诺沙星注射液。

（三）梭菌性疾病

1. 流性特点

羊的梭菌性病是由梭状芽孢杆菌属中的多种病菌所造成的一大类致死性疾病，包括羊快疫、羊猝狙、羊肠毒血症、羊黑疫、羔羊痢疾等疾病。本类疾病在散养羊群、应激反应大的羊群和防疫效果不好的羊群经常发生并造成较大的经济损失。梭菌类疾病每年的秋冬和早春时多发；气候多变、温差过大时多发；易在连绵雨季节多发；羊群感冒、吃冰冻饲料时多发。

2. 临床症状

羊只发病时来不及表现症状即突然死亡，多是因为几种疾病混合感染，临床上有很多相似之处，生前很难确诊。急性病例几分钟或几小时死于牧场或圈内；慢性病例表现为掉队、卧地、磨牙、流涎、呻吟、腹痛、肚胀、腹泻、痉挛而死亡，死亡羊只皮肤发红色为其典型特征。

3. 病理变化

①羊快疫：病变主要是皱胃出血性炎症，在胃底部及幽门附近有大小不一出血斑块。另有瘤胃壁出血、网胃黏膜出血、皱胃黏膜溃疡、结肠条带状出血等。

②羊猝狙：病变主要是小肠黏膜充血、出血。羊快疫和羊猝狙的共同特征是胸、腹腔、心包大量积液。另有肠道出血、肺出血、胆囊肿胀、心内外膜有点状出血；死羊若未及时剖检，出现迅速腐败。

③羊肠毒血症：病变是肾脏比平时更易软化，所以，此病又称为"软肾病"。另外，皱胃含有未消化的饲料，小肠呈急性出血性炎症性变化，心内外膜有小点出血，肺脏出血和水肿。

④羔羊痢疾：最显著的病理变化是小肠（特别是回肠）黏膜出血、溃疡；有的肠内容物呈血色；肠系膜淋巴结肿胀。皱胃内往往存有未消化的凝乳块。

4. 诊断方法

①临床特征：突然死亡、腹痛腹泻、群发感染、抗生素有效。

②剖检变化：皱胃有出血、肠道出血、肾软如泥、腔体积液。

5. 预防

①每年春、秋两季注射三联四防疫苗，不论大小羊，均皮下或肌肉注射5毫升。

②对已发病羊群的同群健康羊紧急预防接种。

③发病严重时，可转移放牧地以减弱或停止发病。

④及时隔离病羊，按程序处理病死羊只，并对圈舍、场地和用具实施严格的大面积消毒。

6. 治疗

药物治疗越早越好。梭菌病的治疗用药基本相同，有效药物主要包括：青霉素类、磺胺类、林可类等，针对梭菌毒素可及时地注射血清；配合激素疗法、输液疗法、止血止泻疗法、硫酸铜疗法等，效果较好。

（四）羊链球菌

1. 临床症状

①结膜充血，流泪，后流脓性分泌物；

②鼻腔流浆液性鼻液，后变为脓性；

③口流涎，体温升高至41℃以上，咽喉、舌肿胀，粪便松软，带黏液或血液；

④怀孕母羊流产；

⑤部分病羊眼睑、嘴唇、颊部、乳房肿胀，临死前呻吟、磨牙、抽搐。

2. 病理变化

①以败血型变化为主；

②淋巴结出血肿大、咽喉部高度水肿、胸腹腔积水，有少量纤维素渗出、肝肿大、胆囊胀大2～4倍、壁水肿；

③肺炎型多见于羔羊；

④肺水肿、气肿、肺实质出血肝变、呈大叶性肺炎，肺与胸膜粘连、大气管内有大量带泡沫的分泌物。

3. 诊断要点

根据临床症状和剖检变化，结合流行病学可初步诊断。确诊可进行实验室检查，镜检本菌多呈双球形，呈链状或单个存在，周围有荚膜，革兰氏染色呈阳性。

羊的败血性链球菌是由C群兽疫链球菌引起的一种急性败血型传染病。患病羊常以出血性败血型浆膜炎为主要特征，其发病率高、传播快、死亡率高，是养羊业危害较大的传染病之一。

病原为革兰氏染色阳性，具有荚膜。经呼吸道、皮肤伤口感染；一年四季均可发病，但以11月份到次年的4月份多发；常呈地方流行，有时呈爆发流行，不同年龄的羊均可感染。

4. 临床症状

①急性型：突然发病，体温升高达41～43℃，食欲减退或废绝，粪便干燥，常咳嗽、流鼻液，眼结膜潮红、流泪。一两天内部分病羊出现关节炎、跛行不能站立。有的病羊出现神经症状。少数病羊的颈、背、四肢等部位呈广泛的出血，甚至出现出血斑，常在1～3天内死亡。死亡率可达80%～90%。

②慢性型：常由急性转化而来，或出现于流行后期发生的新型病例。发病特征是病程长（10天以上），症状比较温和，体温时高时低，精神、食欲时好时坏，一肢或多肢关节肿大，跛行；或逐渐消瘦衰弱；或逐渐好转康复，或病情突然恶化而死亡。

5. 防控措施

①做好羊场的消毒工作；入冬前，用羊链球菌氢氧化铝甲醛苗接种，羊不分大小一律皮下注射3毫升，3个月以内的羔羊14～21天后再加强1次。

②加强饲养管理，保暖防风，防冻、防拥挤，防病源传入。

③早期可用青霉素和磺胺类药物治疗或用氟苯尼考治疗。

④定期消灭羊体内的寄生虫。

⑤发病后对病羊和可疑羊要分别隔离治疗，场地、器具等用过氧乙酸彻底消毒。粪污堆积发酵处理。死羊无害化处理。

⑥每只病羊鱼腥草10毫升稀释80万青霉素肌肉注射，一天2次，连用3天；或肌注10毫升磺胺噻唑。

⑦高热者用30%安乃近3毫升肌肉注射，病情严重的给予强心补液5%葡萄糖盐水500毫升，安钠咖5毫升、维生素C5毫升静脉滴注。

（五）羔羊大肠杆菌病

1. 流性特点

羔羊大肠杆菌病俗称羔羊白痢，是由致病大肠杆菌引起的一种新生幼畜的急性败血性传染病。该病主要危害7日龄的羔羊，2～4日龄最为严重。主要有肠炎型和败血型两种类型。发病率和死亡率均较高，是目前危害羔羊的主要传染病之一。

一般7周龄以内，尤其是出生后数日的羔羊易感。以地方性散发流行为主。该病的发生与温度骤变、营养不足、饲养环境不卫生、护理不当以及吸吮母羊不卫生乳头等密切相关，在冬春的舍饲时容易发生，而在放牧季节不易爆发。

2. 临床症状

①败血型：多发于2～6周龄的羔羊，病羊体温升高，食欲减退、精神沉郁、迅速虚脱、四肢僵硬、运动失调，一般发病4～12小时内死亡。

②肠型：多发于7日龄以内羔羊，病初体温迅速升高，随后出现腹泻，腹泻后体温降低，粪便呈半液体状，初为黄色，后为绿色或灰色，一般发病后24～36小时死亡，病死率高达50%左右。

3. 病理变化

①败血型：死亡羔羊腹腔、胸腔、心包都有积液。腹水增多，呈淡黄色并有恶臭味。关节肿大，内滑液浑浊。脑膜出血并散状分布出血点，大脑沟内含有大量的脓性渗出物。

②肠型：严重脱水，四肢干瘪，肠道出血，肠道内容物呈黄灰色半液状，黏膜出血、充血。肺具有炎症病变，边缘具有少部分实变。

4. 诊断方法

根据流行情况、临床症状、病理变化等临床特征可做出疑似的初步诊断，但要确诊，需借助细菌形态观察、病原分离与鉴定、分子生物学等实验室诊断方法。

5. 防治方法

①加强环境卫生：羊大肠杆菌病是条件性致病菌，良好的环境卫生是防止大肠杆菌爆发的前提条件，及时清理舍中粪便、污水，定期彻底消毒，且应经常更换消毒药物，避免产生耐药性。疫病高发季节尤其做好防寒保温、防潮减湿工作。

②加强母羊饲养管理：加强怀孕母羊及哺乳母羊的饲养管理，做好母羊的"保膘"工作，保证母羊的营养水平，营养平衡，保障饲粮中蛋白质、矿物质、维生素的供给，保证其具有较高的抗病能力，制定合理的免疫程序，确保疫苗的免疫效果。做好母羊临产前的准备工作，应将临产母羊阴门、乳房四周被污染的毛剪掉并彻底消毒。同时对产房进行严格的消毒。

③加强羔羊饲养管理：加强新生羔羊的饲养管理，新生羔羊哺乳前应用高锰酸钾水反复擦拭母羊的乳房、乳头和腹下，对于缺奶羔羊，人工饲喂不要饲喂过量，同时，做好羔羊的保暖工作和新生羔羊圈舍环境卫生，加强护理，防止受凉。

④治疗：根据药敏试验结果，用抗生素常规量对全群进行肌肉注射，2次/天，连用3天。同时，对严重病例注射葡萄糖生理盐水和维生素C。

（六）传染性结膜角膜炎

羊传染性结膜角膜炎又称流行性眼炎、红眼病。主要以急性传染为特征，眼结膜与角膜发生明显的炎症变化，其后角膜混浊，几乎呈乳白色，羊传染性结膜角膜炎的发生在一定程度上影响了养羊业的发展。

1. 病原及流行特点

羊传染性结膜角膜炎是一种多病原感染的疾病，乳衣原体、立克次氏体、结膜乳支原体等，但目前认为主要是衣原体引起的。

山羊尤其是奶山羊、绵羊、乳牛、黄牛等极易感染；年幼动物最易得病；多由易感动物或传染物质导入羊群，引起同群感染；患病羊的分泌物如鼻液、泪液、奶及尿的污染物，均能传播本病。多发生在蚊蝇较多的炎热季节，一般在5～10月夏、秋季，但在我国的东北地区11月也有病例发生；以放牧期发病率最高；进入舍饲期也有发病的；多为地方性流行。

2. 临床症状

主要表现为结膜炎和角膜炎。

有的两眼同时患病，但多数先一眼患病，然后波及另一眼，有时一侧较重，另一侧较轻。病初呈结膜炎症状，表现畏光流泪，眼睑半闭；眼内角流出浆液性或黏液性分泌物，不久则变成脓性分泌物；上下眼睑肿胀、疼痛、结膜潮红，并有树枝状充血。

其后侵害角膜，呈现角膜混浊和角膜溃疡，眼前房积脓或角膜破裂，晶状体脱落，造成永久性失明。

3. 诊断要点

结膜充血、畏光流泪、脓性渗出物。

4. 预防措施

建立健康羊群，病羊予以隔离、治疗，定时清扫消毒；新购羊只至少需要隔离60天，再与健康羊群混合。

5. 治疗措施

发病羊只应尽早治疗。

①用2%硼酸溶液洗眼，拭干后再用43%弱蛋白银溶液滴入结膜囊中，每天2～3次；

②用0.025%硝酸银滴眼液，每天2次，或涂以土霉素软膏；

③自家血清疗法：自家血清每次5～10毫升，于两眼的上下眼睑皮下注射，隔两天再注射1次，效果很好；

④重症病羊和角膜混浊者，应用抗生素+普鲁卡因+地塞米松混合后做眼底封闭，效果甚佳。

（七）羔羊"醉酒症"

近几年，在山羊养殖较多的地区，出现一种出生不久的羊羔瘫痪病，行走摇摆似醉酒状，俗称"醉酒症"。临床上一般误认为缺硒缺钙，治疗效果很差。通过流行病学调查，采集病料，病原分离鉴定，PCR鉴定，动物回归实验等，山东省滨州市畜牧兽医研究院沈志强团队首次确定羔羊"醉酒症"的病原为A型产气荚膜梭菌（A型魏氏梭菌）。

1. 病原及流行特点

产气荚膜梭菌是存在于任何动物肠道中的一种菌，当外界环境发生改变或饲料突然改变时，该菌就会在肠道内大量繁殖产生各种毒素，导致宿主发病，幼畜的病死率可达100%。绵羊也有发生，多在1～2月龄，个别羊场也有3日龄发病的羊群。

2. 临床症状

主要发生于7～10日龄的山羊羔，病初羔羊精神沉郁，跛行，随即四肢僵硬，共济失调，一肢或四肢麻痹，横卧不起，四肢划动，有些病羊眼球震颤，角弓反张，头颈歪斜或做圈形运动，有时吞咽困难，有的鼻孔出血死亡。

3. 剖检变化

有的羊只鼻腔出血，肺脏大面积出血、淤血。大脑回出血、水肿，皱胃出血、溃疡，膀胱积尿。

4. 诊断要点

①临床症状：站立不稳似醉酒，横卧不起、呈游泳状；

②病理变化：肺脏、大脑回出血，皱胃出血、溃疡，确诊可通过细菌分离和PCR鉴定。

5. 预防措施

①母羊在配种前和产前30～45天接种三联四防疫苗5毫升，羔羊在20日龄以后注射三联四防疫苗5毫升，即可预防。

②怀孕母羊没有注射三联四防疫苗的羊群，可以在羔羊生下1～2天注射三联四防3～5毫升。

6. 治疗措施

①全场使用消毒剂紧急消毒，消毒包括圈舍消毒和母羊奶头消毒。

②发病羊：分别肌肉注射三联四防疫苗，氟苯尼考。三联四防注射1头份，注射一次；氟苯尼考注射1毫升，一天一次，连用三天，效果极佳。

③全群：紧急预防接种三联四防疫苗。

使用该措施后12～24小时即可控制疫情。

（八）浅表性淋巴伪结核

伪结核病是由假结核棒状杆菌引起的一种慢性传染病，多侵害局部淋巴结，形成脓肿，脓汁呈干酪样，故又称干酪样淋巴结炎。有时在病羊的肺脏、肝脏、脾脏以及子宫等内脏器官上形成大小不等的结节，内含淡黄色干酪样物质，在眼观上与结核病的结节相似，故得假结核之名。

本病分布很广，养羊地区都有发生，发病率高，但死亡率很低，患病奶山羊消瘦，影响产奶量，应引起重视。

1. 病原

假结核棒状杆菌是一种不运动、不形成芽孢且无荚膜的棒状杆菌，革兰氏染色呈阳性，本菌为需氧和兼性厌氧菌，在自然环境中主要存在于粪肥和土壤中，也存在于动物的肠道、皮肤及感染器官，特别是化脓的淋巴结中，对热敏感，65℃十分钟死亡，煮沸立即死亡，常用的消毒药剂均有较好的杀菌能力。

2. 流行病学

以群养舍饲的奶山羊多发，病的发生与年龄有关，似有随年龄的增长而发病率增高的趋势，成年羊发病多，其次是一岁左右的，羔羊极少发病。细菌随病羊的粪便，尤其是随脓汁的排出，而污染羊舍草料、饮水和饲管用具，使健康羊受到感染。本病主要通过伤口传染，如打号、去角、剪脐带处理不当、尖锐异物等引起的外伤均可成为病原入侵羊体的门户，本病也可通过消化道、呼吸道以及吸血昆虫传染。

3. 症状

根据病变发生的部位，临床上可分为体表型、内脏型和混合型三种。其中以体表型的病例多见，混合型次之，内脏型较少发生。

（1）体表型：病变常局限于体表淋巴结，病羊一般无明显的全身症状，患病淋巴结以腮腺淋巴结最常见，颈前、肩前淋巴结次之，乳上、股前淋巴结等较少见；受害的淋巴结肿胀呈如圆或椭圆形，形成脓肿，继而破溃，流出淡黄或黄白色的脓汁，如牙膏一样。脓汁排出后数日即可结痂痊愈，有的又在原处或邻近淋巴结或周围组织新发化脓灶，有的可形成瘘管。若乳房受害，乳上淋巴结肿大，有时可达拳头大。因受害局部肿胀，乳房呈高低不平的结节状，乳汁性状异常，泌乳量下降。本型呈良性结果，当淋巴结肿得很大，或有多处化脓时，影响采食，贫血瘦弱，生长发育受阻。

（2）内脏型：在内脏器官上形成化脓灶和干酪样病灶，病羊出现不同程度的全身症状，食欲减少，精神不振，贫血、消瘦、咳嗽、流鼻、呼吸次数增加。常出现慢性消化不良的症状，病的后期体温升高，泌乳量下降，经抗菌药物治疗后，体温降至正常，但停药后又可上升，可反复数次，最后因病情恶化死亡或因泌乳停止而淘汰。

（3）混合型：兼有体表型和内脏型的症状。

4. 诊断

根据特征性病灶——体表淋巴结病变，尤其腮腺、颈部和股前淋巴结肿大、化脓，破溃后流出淡黄或黄色脓稠的脓汁即可做出诊断。

5. 防治措施

①近期检查羊只发现体表淋巴结肿大者应隔离饲养。

②手术处理，对成熟脓包要排脓时，应采用简单手术进行处理，要求在脓包四周用10%的碘酒消毒以后，用手术刀在脓包基部划开脓包，用器皿收集脓汁，再用纱布擦净脓汁，最后将10%的碘酒浸泡过的纱布条，置入脓包处缝合，带干燥结痂以后去掉纱布条即可，要严格消毒脓汁污染的地方，防止病菌扩散。

③坚持临床检查，隔离病羊，及时治疗或淘汰，这样经过3～5年之后，发病率可显著降低，甚至可在羊群中消灭本病。

④对有全身症状的病羊可用0.5%的黄色素10～15毫升，一次静脉注射，同时肌肉注射青霉素160万～320万单位（一天2～3次）可获得较好的效果。局部病变，可在脓肿成熟、触之有波动、表面被毛脱落，皮肤发红时，按外科方法切开排脓，清除脓汁之后，在脓腔涂以稀碘液。

⑤对内脏型病羊，在治疗无效时，应予淘汰。

（九）破伤风

1. 流行特点

羊的破伤风病又名强直症，俗称"锁口风"，其特征为全身或部分骨骼肌肉发生痉挛性或强直性收缩而表现出僵硬状态，死亡率特高，是初生羔羊和绵羊的一种常发传染病。病原为破伤风梭菌，通常由污染了含有破伤风芽孢梭菌的小伤口引起，如断脐、去势、断尾、去角等。母羊多发生于产死胎和胎衣不下的情况下，有时由于难产助产中消毒不严格导致，在阴唇结有厚痂的情况下发生本病，也可以经胃肠黏膜的损伤感染。病菌侵入伤口以后，在局部大量繁殖，并产生毒素，危害神经系统，由于此菌为厌氧菌，故被土壤、粪便或腐败组织所封闭的伤口最容易感染和发病。

2. 临床症状

病初常表现为卧下后不能起立，或者站立时不能躺下，逐渐发展为四肢僵直，运步困难。由于咬肌的强直收缩，牙关紧闭，流涎吐沫。吞咽困难、瘤胃鼓气；头颈僵直、眼圆睁，对刺激敏感性增高，病后期常因急性腹泻而死亡。

3. 病理变化

对病死羊剖检一般无显著病理变化，通常多为窒息而亡，血液凝固不良，呈暗红色，黏膜及浆膜上有小出血点，肺脏水肿、充血。神经组织有淤血和小点出血，肌间结缔组织呈浆液性浸润，并伴有出血点。

4. 诊断方法

四肢僵直，颈项强直，牙关紧闭，站立似木制假羊。

5. 防治方法

（1）预防：注射破伤风类毒素是预防本病的有效生物制剂，或在母羊产后母子均注射精制破伤风抗毒素。

（2）治疗：

①创伤处理：对感染创伤进行有效的防腐消毒处理，彻底排除脓汁、异物、坏死组织及痂皮等，并用消毒药物（3%的过氧化氢，2%的高锰酸钾或5%~10%的碘酒）消毒创面，并配合青霉素注射；

②早期注射精制破伤风抗毒素，可一次用足量20万~80万单位，抗破伤风血清在体内可保留两周。

③加强护理，将病羊放于黑暗安定的地方，避免能够引起肌肉痉挛

的一切刺激，给予柔软、易消化且容易咽下的饲料，如稀粥。多铺垫草，以防止褥疮，防止发生瘤胃鼓气。

④为了缓解痉挛，可注入25%的硫酸镁溶液，每天1次，每次10～20毫升，或按每千克体重2毫克肌肉注射氯丙嗪。

（十）奶山羊李氏杆菌病

1. 流行特点

李氏杆菌病通常俗称"转圈病"，是由单核细胞增生李斯特菌（俗称李斯杆菌）引起的一种散发性、人畜共患传染病，绵羊和山羊均易感。病羊和带菌羊只都是该病的传染源，一般在病羊的分泌物以及排泄物中都能够分离得到病菌，如眼、鼻、生殖道的分泌物以及乳汁、尿液、粪便、精液等，该病的传播途径是通过眼结膜、呼吸道、消化道以及损伤的皮肤等。该病的主要传染媒介是饮水和饲料。羊感染该病的主要原因是采食过于坚硬的饲料而导致口腔黏膜被刺伤，以吞食大量的病菌。该病通常为散发性，偶有呈地方流行，尽管具有较低的发病率，但具有很高的致死率，该病全年任何季节都能够发生，其中在冬春季节相对比较容易发生，而夏秋季节往往只有少数发病，2～4月龄及断奶前后一个月的羔羊容易发生该病，且主要在每年的4～5月或者10～11月发生。

2. 临床症状

潜伏期2～3周，幼龄羊一般表现为败血型病，羊体温升到40～41.5℃，稍后即下降；患羊呆立不愿行走，流泪、流鼻液和流口水，采食缓慢，不听驱使，最后倒地不起并死亡；成年羊以出现明显的神经症状为主要特征，表现为头颈向一侧歪斜，视觉模糊，甚至消失，出现角弓反张和圆圈运动症状，最后麻痹倒地不起和死亡，一些病母羊伴有流产。

3. 病理变化

剖检一般没有特殊的肉眼可见病变，内脏出血，肝脾和淋巴结肿大出血，并见有灰黄色坏死病灶。有神经症状的病羊，脑及脑膜充血、水肿，脑积液增多，稍浑浊，流产母羊都有胎盘炎，表现为子叶水肿坏死，血液和组织中单核细胞增多。

4. 诊断方法

根据临床症状和病理变化可做出初步诊断，如需确诊，须经实验室诊断采血、肝、脾、肾、脑脊髓液，脑的病变组织等做触片或涂片，革兰氏染色镜检，革兰氏阳性，呈V型排列或并列的细小杆菌，再取上述材料接种于0.5%～1%的葡萄糖血琼脂平板上，得到培养后，通过革兰氏染色溶血检查及血清学检查即可确诊。

5. 防治方法

（1）早期大剂量应用磺胺类药物或与其他抗生素并用，疗效较好，常用的抗生素有硫酸链霉素、长效土霉素、硫酸庆大霉素、丁胺卡那霉素（阿米卡星）、金霉素、盐酸四环素、红霉素等，初期大剂量应用同时加维生素C、维生素B6有一定疗效，但出现神经症状一般无疗效。

①病羊出现神经症状时，可使用镇静药物治疗，以每千克体重1～3毫克肌内注射。青霉素一般无疗效。

②用硫酸链霉素治疗有一定的疗效，链霉素100万～200万单位，用10毫升注射用水稀释一次肌内注射，每天两次，连用五天；

③20%的磺胺嘧啶钠，5～10毫升氨下青霉素1万～1.5万单位/千克体重，庆大霉素1 000～5 000单位/千克体重。均肌内注射。每天两次，有一定疗效。

（2）对发病的羊只应立即隔离，对同群羊应立即检疫，病死羊尸体要深埋无害化处理。

（3）加强饲养管理，坚持自繁自养，引进种羊，必须调查其来源，引进后先隔离观察一周以上，确认无病后方可混群饲养，从而减少病原体的侵入，在饲养中一定要注意精粗饲料的配比，严禁大量饲喂精料。另外，注意矿物质、维生素的补充，一定要注意钙的补充，防止缺钙。

（4）注意环境卫生，清洁羊舍与用具，保证饲料和饮水的清洁卫生，对污染的环境和用具等使用2%～5%的火碱、0.5%过氧乙酸、氯制剂、醛制剂、聚维酮碘等消毒药进行消毒。

（5）做好灭鼠工作，老鼠为疫源，所以在羊舍内要消灭鼠类，夏秋季节，注意消灭羊舍内蜱、虱、蝇等昆虫，减少传播媒介，同时要定期驱虫。

（6）李氏杆菌病对人也有危害，感染时可发生脑膜炎，与病羊接触频繁的人应注意做好个人防护工作。

（十一）奶山羊皮肤霉菌病

1. 流行特点

羊的皮肤霉菌属真菌范围，俗称"癣"。它是由多种致病性皮肤真菌引起的皮肤传染病，引起羊皮肤霉菌病的病原主要为毛癣菌属及小孢真菌属中的一些成员，包括疣状毛癣菌、须毛藓菌和犬小孢真菌等，病羊和人为本病的重要传染源，本菌可随皮屑及其孢子排到环境，搔痒、摩擦更为间接传播，从损伤的皮肤发生感染。

自然情况下，牛最易感，其次为猪、马、驴、绵羊、山羊等，人也易感。许多种皮肤真菌可以人畜互传，或在不同动物之间相互传染，如疣状毛藓菌主要感染牛、马，有时感染羊，犬小孢真菌主要感染犬，但还可以引起羊和人感染。本病一年四季都可发生，但冬季阴暗，潮湿且通风不良的羊舍更有利于本病的发生。幼年羊较成年羊易感，营养不良，羊群密集、羊舍湿度大等有利于本病的传播。

2. 临床症状

本病主要发生在羊的颈、背、肩、耳等处。但不侵害四肢下端，患部皮肤增厚，有灰色的鳞屑，被毛易折断或脱落，也有的表现为一个圆圈，上面有许多皮屑，就像有一层面粉在上面；有的单纯的圆形脱屑，只留有少数几根断毛，由于病羊经常擦痒，致使病变有蔓延至其他部位的倾向，有的患病羊不安、摩擦、减食、消瘦；而有的病羊不痛不痒就是难看。

3. 病理变化

从患部及健康皮肤的交界处取感染部位的被毛、鳞屑等置于载玻片上滴加10%的氢氧化钾或乳酸酚棉蓝1～2滴，加盖玻片，待被检病料变透明时镜检，患部材料中可见孢子或分枝的菌丝。

4. 诊断方法

依据羊只皮肤上出现的界限明显的癣斑，患部皮肤变硬，脱毛、覆以鳞屑或痂皮即应考虑本病，确诊需进行真菌学检查，注意一定不要和疥螨病混淆。

①直接镜检，将患部以70%的酒精擦洗后从患部及健康皮肤的交界处取感染部位的被毛、鳞屑等置于预载玻片上，滴加10%的氢氧化钾或乳酸酚棉蓝1～2滴，加盖玻片，待被检病料变透明时镜检，若患部材料中间有孢子或分枝的菌丝，即为本病。

②动物实验常用敏感的实验动物是家兔，接种部位，先剪毛，用1%的高锰酸钾溶液洗净，再用细砂纸轻擦接种部，涂擦上述标本材料的稀释液，隔离饲养观察。阳性者经过7～8天，于接种部位出现炎症反应，脱毛和癣斑。

③必要时做真菌分离鉴定。

5. 防治方法

（1）预防：

①新购羊只，要隔离观察一个月以上，无病者方可混群。

②羊舍要通风向阳，圈舍和用具要固定使用，定期消毒。

③防止饲养和放牧人员受感染。

（2）治疗：

①发现病羊，应对全群羊只进行逐一检查，集中患病羊隔离治疗，患部先剪毛，再用肥皂水或来苏儿洗去痂皮，干燥后选用10%的水杨酸酒精或油膏涂擦患部，或用3%的灰黄霉素软膏、制霉菌素软膏、刹烈癣膏、10%的克霉唑、5%的硫黄软膏等药品涂擦患部，每天或隔天一次。

②污染的羊舍用具以3%的甲醛溶液加2%的氢氧化钠进行消毒；

③克霉唑乳剂一支、醋酸氟轻松乳膏一支、灰黄霉素20片（研面），混合在一起外敷，每天一次。

三、奶山羊寄生虫病

（一）奶山羊附红细胞体病

1. 流行特点

羊的附红细胞体病属人畜共患急性传染病。发病羊主要以黄疸性贫血和发热为特征，严重时，因衰竭而死亡。绵阳多发附红细胞体病，而且会传给山羊，但不会传给其他动物。本病在羊只中多呈隐性感染，在营养不良、微量元素缺乏、蠕虫病、应激和虚弱的羊群中易发。接触性、血源性和垂直性传播是主要渠道，附红细胞体一旦侵入外周血液便会迅速增值，破坏红细胞，引发贫血和黄疸。因本病还可以通过蚊虫叮咬而传播，所以，炎热季节多发。病原对低温抵抗力较强。羔羊死亡率较高。

2. 临床症状

病羊在感染附红细胞体1～3周后发病，初期体温升高，精神沉郁，饮食和饮水不停，但形体消瘦、虚弱、贫血、病羔生长不良，可视黏膜苍白、黄染（因红细胞破坏崩解释放出胆绿素，经氧化胆绿素变为胆红素，胆红素为黄色，随血液流变全身至黄染），有的下颌水肿，有的出现腹泻，典型的出现血红胆素尿，最后衰竭死亡，孕羊常出现流产。

3. 病理变化

剖检时可发现全身肌肉消瘦、色淡。淋巴结水肿，肺出血，血凝不全，肾黑色，瘤胃轻度积食。

4. 诊断方法

①临床特征：高热、贫血、黄疸、血红蛋白尿。

②血液检查：镜检有附红细胞体存在。

5. 防治方法

①定期应用高效驱虫药物。

②本病尚无疫苗免疫，药物治疗需采用综合措施。

③大群用药常用中药拌料预防和治疗；对发病羊在应用中药的同时，可选择土霉素、多西环素、磺胺类、三氮脒、咪唑苯脲等其中两种配合肌肉注射，连用3～4天；可应用生血素类药物。

（二）奶山羊球虫病

1. 流行特点

羊球虫病是由多种艾美尔球虫寄生于绵羊或山羊肠道上皮细胞所引起的一种寄生虫病，对羔羊危害严重。本病的特征是卡他性或出血性肠炎所导致的腹泻，各品种的绵羊、山羊均有易感性，以羔羊最易感，成年羊一般为带虫者，流行季节多为春、夏、秋季。

2. 临床症状

病羊精神不振，食欲减退，被毛粗乱、腹泻、消瘦、贫血、发育不良，严重者死亡。粪便恶臭，其中含有大量卵囊，体温有时达40～41℃。

3. 病理变化

小肠病变明显，肠黏膜上有淡黄色卵圆形斑点或结节成簇分布，十二指肠或回肠有卡他性炎和点状或带状出血，肠黏膜上皮中可见发育阶段不同的球虫。

4. 诊断方法

生前根据临床症状，流行特点，可怀疑为本病。粪便检查，发现大量卵囊即可确诊，死后剖检可查明典型病变，必要时可做组织切片检查。

5. 治疗方法

（1）预防：成年羊与羔羊要分群饲养，搞好环境卫生，保持牧场清洁干燥，注意饮水卫生，对粪便进行无害化处理，定期用3%～5%的热氢氧化钠溶液消毒饲槽、用具等。发现病羊立即更换场地，并隔离治疗病羊。

羔羊在10日龄后开始预防性地用药，防止球虫病的发生。

（2）治疗：地克珠利进行饮水。

（三）疥螨病

1. 流行特点

疥螨病又称疥癣病、癞病，是由疥螨科疥螨属的疥螨寄生于羊皮肤内引起的皮肤病，以剧痒、脱毛、湿疹性皮炎和接触性感染为特征。羊患病后，毛的产量和质量都下降，危害很大。绒山羊普遍存在该病。疥螨病是由病畜和健康畜直接接触而发生的感染，也可由被疥螨及其卵污染的墙壁、垫草、厩舍、用具等间接接触感染。疥螨病主要发生于冬季和秋末春初，因为这些季节日光照射不足。畜体毛长而密，湿度大，最适合其生长和繁殖，幼畜往往易患疥螨病，发病也较多。

2. 临床症状

该病是发生于山羊的嘴唇、口角、鼻梁及耳根，严重时会蔓延至整个头部、颈部及全身。绵阳主要病变在头部，患部皮肤呈灰白色胶皮样，称"石灰头"。病羊剧痒，不断在围墙栏处摩擦患部，由于摩擦和啃咬患部，皮肤出现丘疹、结节、水疱甚至脓疱，以后形成痂皮和龟裂，严重感染时，羊的生产性能降低，甚至大批死亡。

大群感染发病时，可见病羊身上悬垂着零散的毛束和毛团，接着毛束逐渐大批脱落，出现裸露的皮肤。

3. 病理变化

病变为患部皮肤出现丘疹、结节、水疱，甚至脓疱。

4. 诊断方法

根据流行病学资料和明显的临床症状可以确诊，当症状不明显时，则需进行实验室诊断，采取患部皮肤病科检查有无虫体，方法是将病料浸入40~50℃温水里至恒温箱中，1~2小时后将其倾入表面皿中，置解剖镜下检查，活螨在温热作用下由皮屑中爬出，集结成团，若见沉于水底部的疥螨即可确诊。

5. 防治方法

伊维菌素肌肉注射，羊每千克体重0.2毫克，颈部皮下注射。药浴疗法主要适用于病畜数量多和温暖季节，对羊最适用，既能预防又能治疗。可用下列药物0.025%~0.03%林丹乳油水乳剂、0.05%辛硫磷乳油水剂。在药浴前应先做小群安全试验。

预防：畜舍要保持干燥、透光、通风良好，要求密度不要过大，畜舍要经常清扫，定期消毒，经常观察畜群中有无发痒和掉毛现象，发现可疑病畜及时进行隔离饲养和治疗，以免互相传染，羊每年夏季剪毛后应及时进行药浴。

其他寄生虫：包括线虫、丝虫、绦虫、吸虫等在羊身上也有感染，但是，只要我们每年坚持两次以上的驱虫保健，寄生虫对羊群的危害不是很大。在使用驱虫药物预防时，一定要考虑到使用药物的驱虫谱，可以选择两种不同驱虫谱的驱虫药同时进行。目前使用的有伊维菌素+阿苯达唑、伊维菌素+氯氰碘柳胺钠。有些商品驱虫药已经把几种驱虫药复方到了一起，使用起来比较方便。

第三节　奶山羊普通病防治

（一）瘤胃积食

羊的瘤胃积食是羊只长期饲喂或突然贪食了大量的粗纤维饲草，致使瘤胃容积扩张，内容物变硬滞塞，瘤胃黏膜压迫坏死，临床形成高度脱水和败血症的一种疾病。

1. 病因及发生

主要原因是羊群长期饲喂单一饲草，如秸秆类、未晒干的秧蔓类，或突然过量采食粗纤维饲草，或饮水不足、或突然变换饲料，皆可发生本病。瘤胃积食形成坚硬的草团导致胃壁扩张，瘤胃黏膜受压迫，久之，黏膜缺血坏死甚至脱落，裸露无黏膜的胃壁则吸收胃内的各种毒素，甚至微生物进入血液循环，形成败血症，类毒素中毒的羊只会出现精神沉郁，毒素会使心肌麻痹，高度脱水会导致血液黏稠，更加重了心脏负担，最终，羊只会因败血症和心脏衰竭而死亡。

2. 临床症状及剖检变化

发病初期，病羊精神不振采食和反刍减少；次之，精神沉郁，心跳和呼吸加快，严重时脱水严重，眼窝下陷，黏膜发绀、鼻镜干燥、口角流涎，精神恍惚，左肷部略突起，坚硬如木，腹痛不安，摇尾或后蹄踏地、弓背、咩叫；病后期因心肌麻痹而死亡，病程约5天。

死亡羊只瘤胃内即有粗纤维饲草，瘤胃黏膜充血，出血甚至脱落。

3. 诊断要点

过食粗硬饲草，瘤胃坚实如木。

4. 预防措施

平时食草定量搭配要合理，粗干草要铡碎或加工调制之后可饲喂，饲喂秧蔓类要鲜喂或者晒干，一旦发现有积食症状，应停喂1~2天，多饮水，增加运动量，同时用鞋底或扫把进行瘤胃按摩，出现反刍后再给予易消化的草料。

5. 治疗措施

（1）保守疗法：可选择相应的缓泻和下泻药物，减少内容物，及时减轻对胃壁的压迫；同时应用副交感神经兴奋药，促进瘤胃蠕动，促进反刍。严重者应用洗胃疗法并补充液体，纠正水电解质及酸碱平衡。

（2）手术疗法：通过上述保守疗法治疗无效时，应及时做瘤胃切开手术。

（二）瘤胃鼓气

羊的瘤胃鼓气俗称"肚胀"。本病是草料在瘤胃内停滞、发酵，产酸、产气，使瘤胃内迅速积聚大量气体而致鼓胀的一种前胃疾病，本病多发于春、冬两季。

1. 病因及发生

羊只长期喂食干草，营养不足，导致消化机能衰退；或过食易于发酵的青草，特别是突然饲喂大量肥嫩多汁的青草时，最易发生本病。饲草腐败、变质、品质不良的青贮草料，以及放牧时过食带霜露、雨水的牧草，都会导致大量饲草积于瘤胃，短时间内急速发酵，发生鼓气。如果吃食大量的新鲜豆科牧草，如豌豆藤、苜蓿、花生叶、三叶草等，由于含有丰富的皂角苷、果胶等，则引起泡沫性瘤胃鼓气，治疗比较困难。

瘤胃正常气体的排出有三个途径，嗳气、肠道后送和瘤胃壁黏膜吸收。在鼓气初期，嗳气是主要的排气途径，但随着瘤胃内液面的上升，超过贲门时，则嗳气停止；由于鼓气本身会引发交感神经高度兴奋，所以肠道后送气体停止；由于鼓气致使瘤胃壁扩张变薄，壁内毛细血管受到压迫，通过吸收，排气途径也会停止。急性瘤胃鼓气形成前突压迫心脏，缩小胸腔，导致循环和呼吸衰竭而死亡。

2. 临床症状

发病后，腹部急剧扩张，病羊呻吟流涎，呼吸急促，四肢张开，头颈平伸，甚至张口伸舌，可视黏膜发绀，眼球突出，颈静脉怒张，左肷窝显著鼓起，拍打如鼓，至后期，患病羊沉郁，走路蹒跚，突然倒地，惨叫窒息，痉挛而死。

3. 诊断要点

有易发酵饲料饲喂史；瘤胃鼓胀，拍打如鼓。

4. 预防措施

要合理配制日粮，严格控制饲喂量，保证饮水，春天饲喂或放牧青绿多汁牧草时，要在太阳升起，霜露散去之后进行，不喂腐败变质的青贮饲料，更换饲料时要逐渐进行。

5. 治疗措施

（1）治疗原则

排气灭泡、制酵缓泻、强心补液、保肝解毒。

（2）治疗方法

①穿刺放气，可在左肷部最高处剪毛消毒，用小宽针刺破皮肤，随后刺入套管针（或用粗针头直接刺入），拔出针芯进行，瘤胃放气要缓慢，完毕后可从套管针孔注入灭泡止酵剂。

②缓解排毒，可灌服5%的碳酸氢钠溶液，1 500毫升洗胃，或用0.01%的高锰酸钾溶液洗胃，促进瘤胃内容物排出，改善内环境。对因采食腐败饲料发病的羊只，可同时服吸附剂或泻下剂。

③液体疗法：如果脱水严重，应及时补液，以达强心、保肝、补液、解毒之功效。

（三）瘤胃酸中毒

羊只因过食精料引发瘤胃微生物群紊乱，致使瘤胃壁发炎而大量积液，导致出现腹泻、脱水、自体中毒等一系列症状的疾病，谓之瘤胃酸中毒，各种羊均有发生，但奶山羊多发。

1. 发病机理

发病原因大多因管理不当，羊只误食、偷食大量谷物，如玉米、小麦、高粱等，或在羊饲料中添加了太多的谷物饲料，或为了快速催肥，而饲喂添加了过量的谷物饲料等，都会引起羊的瘤胃酸中毒。

在微生物区系发生紊乱后，大量有害菌如溶血性链球菌异常繁殖，造成严重的瘤胃炎，急性炎症造成大量的渗出液积于瘤胃内，造成脱水和腹泻；有毒液体吸收后便会出现自体中毒症状。

2. 临床症状

病初精神沉郁，食欲废绝，反刍停止，瘤胃轻度鼓气，继而步态不稳、呼吸急促、心跳加快，瘤胃积液，后期目光呆滞，眼结膜充血，眼窝下陷，呈现严重脱水症状，死前出现自体中毒表现，卧地呻吟，流涎磨牙，眼睑闭合呈昏迷状态，常于发病后3~5小时死亡，大部分病羊表现口渴、喜饮水、尿少或无尿，并伴有腹泻症状。

3. 诊断要点

有误食精料史、瘤胃积液、脱水腹泻、自体中毒症状。

4. 预防措施

（1）精料（重点是谷物类饲料），一定按饲养标准投给，对于产前、产后易发病的羊只，应多喂品质优良的青干饲草。

（2）必须补喂精料增膘和催奶的羊群，可在日粮中按补喂精料总量的2%加碳酸氢钠。

（3）加强羊群管理，防止偷食谷物类饲料。

5. 治疗方法

（1）洗胃：插入胃管，排出瘤胃内容物，然后用稀释后的石灰水1 000~2 000毫升反复冲洗，或用0.01%的高锰酸钾溶液反复洗胃，直至胃液呈中性清亮为止，抽出胃管前，可投入普鲁卡因加青霉素粉。此病可口服青霉素。

（2）静脉注射生理盐水或10%葡萄糖氯化钠溶液500~1 000毫升，加头孢曲松钠2支；5%碳酸氢钠溶液100~200毫升静脉注射。

（3）注意病羊表现兴奋、甩头等症状时，及时应用20%的甘露醇80~100毫升，给羊静脉滴注，降低颅内压使羊安静。

（4）当病羊中毒症状减轻，脱水症状缓解而仍卧地不起，可给其静脉注射葡萄糖酸钙50~80毫升。

（四）奶山羊妊娠毒血症

妊娠毒血症是奶山羊妊娠后期的一种代谢病。其主要特征是食欲减退，运动失调、呆滞凝视、卧地不起，以至昏睡而死。本病多发于怀双羔或者三羔的母羊，多见于5～6岁，一般都发生于怀孕的最后一个月。

1. 病因

妊娠的后期，当日粮中含蛋白及脂肪均低，碳水化合物供给不及时，机体会动用储备的脂肪，造成中间代谢产物酮体增多而发病。一般认为发病与以下因素有关：

①山羊怀双胎或者多胎时，能量需求增加，而干草品质不良，不能满足怀双羔的能量需求，母羊为了满足胎儿对碳水化合物的需求，动用体脂，造成大量的酮体进入血液，而导致患病。

②怀孕早期过于肥胖，到怀孕的末期而突然降低营养水平，更易发病。

③瘤胃机能障碍，消化功能下降，导致慢食、前胃迟缓，造成营养吸收减少，不能满足母子的营养需求。

④长期舍饲，缺乏运动，导致中间代谢产物不能及时排除而蓄积。

⑤孕羊患有胃肠道寄生虫，以及气候不良或环境突变等，均可增加发病的可能。

⑥采食含丁酸量太多的青贮饲料。

2. 症状

病羊食欲减退，反刍停止，瘤胃迟缓，以后食欲废绝，离群独处。排粪少，粪球硬小，常被有黏液，有时带血。可见黏膜苍白，以后黄染。呼吸浅表，呼气带有醋酮气味。严重时，精神沉郁，对周围刺激缺乏反应，对人或障碍物不知躲避。当强迫运动时，步态蹒跚，或作圆圈运动，或头抵障碍物呆立。后期出现神经症状，嘴唇抽搐，磨牙，流涎。站立时，因颈部肌肉痉挛性收缩，而头颈高举或高仰，呈观星姿态。有时头向下弯或前伸。严重者卧地不起，胸部着地，头高举凝视。如不抓紧治疗，大部分经1～2天昏迷而死。即使分娩，也常伴有难产，羔羊极弱或死亡，甚至腐败分解。

3. 诊断

根据羊在怀孕后期食欲减退，精神沉郁及呈现无热性神经症状等，可做出初步诊断，结合血液诊断，发现血液总蛋白、血糖、淋巴细胞和嗜酸细胞减少，而血酮、血浆游离脂肪酸增高，以及尿酮呈阳性反应等，可做出诊断。

4. 治疗

①供给迅速利用的能量：静脉注射25%～50%的葡萄糖溶液，每次100～200毫升，每日两次，连用3～5天，直到痊愈为止，同时可配合肌肉注射胰岛素20～30单位，甘油20～30毫升，每日2次，连用3～5天。

②促进食欲的恢复：肌肉注射地塞米松25毫克，促进皮质激素的合成。

③纠正酸中毒：5%的碳酸氢钠200～300毫升静脉注射，每天2次，也可用碳酸氢钠10～15克口服。

④人工引产：氯前列烯醇。

5. 预防

①配种之前对肥羊减肥，但严禁在怀孕后期给肥羊减肥，在怀孕的最后两个月加强营养，给予优质饲草，加喂精料；

②怀孕后期要避免突然改变饲喂制度，在天气突然变化时更应该注意；

③对舍饲的羊，加强运动，每日至少运动两小时；

④产前大量使用酵母培养物——瘤胃舒，可提高瘤胃的健康，促进消化和吸收。

（五）奶山羊低血钙症

1. 病因

一是因产前营养不足或产后泌乳过多引起，表现为以血钙、血糖急速下降，知觉意识丧失，四肢麻痹、瘫痪为特征；

二是在羔羊期间，营养不良导致体内钙、磷比例失调，而潜伏病的隐患，加上分娩应激使血钙降低，诱发神经机能失调而瘫痪。

2. 临床症状

据测定，病羊血液中的糖分及含钙量均降低，血糖低和怀孕中后期只重视高蛋白、高脂肪成分的饲料饲喂，而忽视或减少了粗纤维饲料，即与减少了生糖物质有关。而钙含量降低是由于内分泌紊乱所致，初乳中钙含量较高，降钙素分泌使大量的血钙随初乳排出，正常情况下，血钙降低时则甲状旁腺素应该分泌增加，溶解骨钙补充血钙，而此时降钙素抑制了甲状旁腺素的骨溶解作用，还在继续降钙，以致羊只调节过程不能适应，而变为低钙状态，引发此病。

舍饲、产乳量高及怀孕末期，营养良好的羊只多发，山羊和绵羊均可患病，但山羊多发，二到四胎的高产山羊，几乎每次分娩后都重复发病，此病主要见于成年母羊，发生于产前或产后数日内，偶尔见于怀孕的其他时期，一般头胎羊不会发生低血钙症。

3. 临床症状

症状出现，多见于分娩之后，少数的病例见于怀孕末期和分娩过程，由于钙的作用是维持肌肉的紧张性，故在低血钙的情况下，病羊总的表现为衰弱无力，凹腰（伸懒腰）。

病初后肢软弱，步态不稳，有的羊倒地后起立很困难，停止排粪和排尿，针刺皮肤反应很弱。少数羊知觉意识完全丧失，发生极明显的麻痹症状，呼吸深而慢，病羊成侧卧姿势，四肢伸直，头弯于胸部；有的则两后肢叉开，卧于地面。体温逐渐下降，有时降至36℃，有些病羊往往在没有明显症状时死亡。

4. 诊断要点

（1）临床五大特征：意识丧失、消化道麻痹、四肢瘫痪、体温降低、低血钙；

（2）早期常见伸懒腰动作；

（3）补充钙剂效果明显。

5. 预防措施

（1）怀孕羊应喂给富含矿物质饲料；

（2）对于习惯发病的羊，于分娩之后应及时注射5%的氯化钙40～60毫升，25%葡萄糖酸钙80～100毫升，在分娩前后1周内，每天给予15～20克白糖。

6. 低血钙的治疗

（1）提升血钙：10%的葡萄糖酸钙100毫升、10%葡萄糖氯化钠500毫升、樟脑磺酸钠5毫升静脉注射；重要的是，对于站立不起的要采用静脉输液；输钙时还应控制速度，不然容易导致心动过速，严重的引起死亡。

如果能站立，一定不要采取静脉补钙（口服补钙）。口服钙剂选择：如果选择有酸化体液的钙产品，不仅能补钙，而且对机体有一个补钙动员。

碳酸钙：市面上最廉价，在瘤胃中不溶化，不仅没有酸化体液的作用，相反有碱化的作用；

丙酸钙：无酸化体液作用，有升糖作用，在分娩时血糖水平已经很高，增加四胃移位的风险。

氯化钙：有酸化作用，快速酸化。

硫酸钙：有酸化作用，慢速持续性。

因此，氯化钙口服补钙效果最理想。

（2）减少钙的丢失：停止挤奶，乳房送风。

（3）对症治疗：

①补磷：当补钙后，病羊精神正常，但欲起不能时，多伴有低磷血症，此时可应用20%的磷酸氢钠溶液100毫升1次静脉注射。

②补糖：随着钙的供给，血液中胰岛素的含量很快提高，而使血糖降低，有时可引起低血糖症，故补钙的同时应当补糖。

③促进肠蠕动，可用温水灌肠或药物治疗。

（六）奶山羊乳房炎

1. 发病概况

临床型乳房炎现在成为奶山羊普通疾病首要问题，每家每户每年都会因乳房炎，淘汰5%以上的产奶羊，特别是在奶价处于高位阶段，浓厚的饲料营养，促成了乳房炎的爆发式发作。

2. 经济损失

经济损失包括产奶性能下降、原料奶丢弃、药费开支增加。

3. 发病原因

（1）生物因素：致病微生物的存在和感染。

（2）管理因素：引起乳房炎的主要原因。

饲养失宜，饲料单一造成的前胃迟缓、消化不良、其他代谢病。

管理不妥，乳房损伤，机器挤奶真空压过高、频率过快或过慢、奶杯内衬老化密封不好、过度挤奶等。

（3）营养因素：营养与免疫力紧密相关。产羔时的代谢病（酸中毒、酮病、产后低血钙）；饲喂过量的蛋白质饲料也可导致乳房炎的发生；增加维生素A、E和微量元素硒可以通过抗氧化保护乳腺的防卫细胞，提高机体的免疫力，维生素A、铜、锌等元素在预防乳腺炎上有重要作用。

（4）环境因素："环境型乳房炎"。气温突变、夏季高温、阴雨、潮湿等都会造成环境恶劣、机体的免疫力下降，是环境性乳房炎的主要诱因。

4. 治疗措施

原则："早揭发，早治疗。"

（1）局部治疗

①冷敷并抗生素消炎：初期红肿热痛剧烈，每日冷敷2次，每次15～20分钟。冷敷后，用0.25%～0.5%的普鲁卡因10毫升，稀释青霉素160万单位分四点，直接注入乳腺组织中；

②乳房冲洗灌注：把奶挤净，用50～100毫升生理盐水注入乳池，轻轻按摩后挤出（出血性乳房炎禁止按摩），连续冲洗2～3次，最后用20毫升鱼腥草加160万青霉素、1克链霉素，注入乳池，并轻轻按摩，一天2～3次。

③乳房基底封闭：用0.25%～0.5%的普鲁卡因10毫升，稀释青霉素160万单位，在乳房后上方，乳房和腹部结合处，3～5厘米深注射药液。

④慢性炎症：用40～45℃的热水进行热敷，或用红外线灯照射，每日2次，每次15～20分钟，然后涂以樟脑软膏。

（2）全身治疗

①体温升高时，采用静脉或者肌肉注射抗生素，头孢曲松钠；

②应用硫酸钠100～120克，促进毒物排除和体温下降；

③如果长期用抗生素无效，而怀疑为特种细菌感染时，可采取乳样，进行细菌检查，通过药敏试验选择合适的抗生素；

④凡由感冒、结核、口蹄疫、子宫炎等引起的乳房炎，必须同时治疗这些原发病；

⑤中药治疗可选用菌酶公英加。

5. 坏疽性乳房炎

①葡萄糖氯化钠500毫升、丁胺卡那霉素2毫升×2支，维生素C5毫升、氢化可的松2毫升、10%葡萄糖酸钙100毫升静脉注射；

②促进有毒乳汁排出：催产素2毫升肌肉注射；

③消炎止痛：非甾类抗炎药氟尼辛葡甲胺注射液2.2毫克/千克体重肌肉注射。

附1：干奶期乳房炎的管控

干奶期是治疗乳房炎的最好阶段，也是最易发生乳房炎的时期，并且对产后乳房炎的高发起着决定性的作用，因此做好干奶期乳房炎的管控非常重要。

简单总结几个风险：假如把干奶期分为三个时期：退化期、稳定期、初乳的生成期。

① 第一个阶段有很大风险，随着挤奶的中断，乳头导管可能在乳腺内的压力下保持开放，这就为新发感染的出现提供了一个通道。

②在稳定期，乳头导管角质塞的形成为预防新发感染提供了一些保护。但是，加拿大的研究人员估计，有6%～23%的乳头其角质塞的形成出现了长时间的延误。

③在初乳生成阶段，乳腺的分泌可能稀释了保护性因子如乳铁蛋白和活性淋巴细胞。如果有角质塞存在，角质塞也开

始破解，导致另一个危险阶段的出现，即更多的细菌侵入和定植。

接下来我们看一下有哪些管理措施可以控制干奶期乳房炎感染的风险。

它主要有两部分，一是干奶抗生素治疗，二是使用乳头内封闭剂。

①干奶抗生素治疗

干奶抗生素治疗的目标非常明确，清除已存在感染，预防新发感染。干奶治疗——使用抗生素是最佳办法。

由于这个时期不会再挤奶，可以使用比泌乳期更长效和高浓度的抗生素。同时，这个时期能够起到免疫功能成分的水平也在升高，比如白细胞浓度升高，功能增强。免疫球蛋白、乳铁蛋白等能够跟抗生素一起作用。此外，这时影响消费者的风险小。总之，干奶期使用抗生素治疗就是清除已存在的感染，并且预防新发感染。

②乳头内封闭剂

乳头封闭剂起始于20世纪70年代，原理就是模拟角质蛋白栓的作用，主要作用是预防干奶期新发感染。

一些研究文章，研究结果显示干奶抗生素和乳头封闭剂同时使用，与只用干奶抗生素对比，干奶期新发感染会下降25%，与干奶期什么都不用进行对比，新发感染会下降73%。

所以，整个行业大家形成一个基本共识，就是我们在干奶时不仅给奶山羊用干奶抗生素治疗，同时也要给它使用乳头内封闭剂。干奶抗生素治疗主要是控制干奶早期乳区的感染以及清除原来存在的感染。到了干奶的后期，干奶药的成分已经下降到非常低的浓度，使用乳头封闭剂可以降低这个时期的风险。乳头封闭剂的效应可以维持到分娩后1个月以后。

第一次：干奶时注射完抗生素，就用乳头封闭剂；

第二次：奶山羊临产前14天用乳头封闭剂。

附2：隐性乳房炎防控

隐性乳房炎才是我们羊场真正的麻烦。它造成的损失，远远大于临床型乳房炎的损失。当临床上发现一例乳房炎的时候，那么隐形的就有可能达到10～40个发病的。隐形乳房炎在临床上没有任何症状。除了在化验室体细胞（SCC）超标外，我们并没有感觉到有什么事情发生。

实际上临床型乳房炎在生产上的损失才是我们看到所有乳房炎对牧场造成危害的冰山一角。

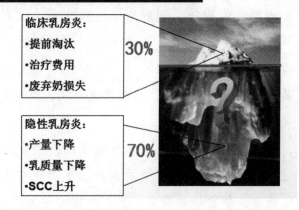

我们目前没有隐形乳房炎在奶山羊上的具体数据，但凭借奶牛上的实验数据，足以说明乳房炎带给牧场的损失有多大。

下表是不同体细胞数和不同胎次的情况下对奶牛造成的奶损失。

SCC造成的潜在牛奶损失

体细胞平均值（万/毫升）	线性分	第一胎牛奶损失（千克）	二胎以上牛奶损失（千克）
2.5（1.8～3.4）	1	0	0
5.0（3.5～6.8）	2	0	0
10（6.9～13.6）	3	90.7	181.4
20（13.7～27.3）	4	181.4	362.9
40（27.4～54.6）	5	272.2	544.3
80（54.7～109.2）	6	362.9	725.8
160（109.3～218.5）	7	453.6	907.2

那么对于隐形乳房炎的认知，我们根据SCC趋势判断造成隐乳的具体原因，并采取相应的防御办法：

①体细胞持续高：传染型乳房炎，金黄色葡萄球菌、链球菌、支原体感染，加强挤奶管理；

②体细胞忽高忽低：环境型乳房炎，环境卫生控制；

③体细胞经产羊产后高：干奶期乳房炎防控不到位，要加强干奶管理和产前管理；

④头窝羊产后体细胞高：初乳形成期管理没有到位，加强乳房产前管理——乳头药浴；

⑤泌乳初期体细胞低，到后期体细胞升高：说明是在挤奶过程中由于挤奶操作不规范、挤奶设备调试不到位、环境卫生差而导致的；

⑥如果体细胞数超过80万：需要重点关注，找出发生的具体原因。

同时，隐形乳房炎是临床型乳房炎发病的潜在根源，因此我们在关注奶山羊临床型乳房炎的同时，更要密切地注视隐性乳房炎的发病率，争取把乳房炎对生产造成的损失降到最低。

（七）奶山羊子宫内膜炎

1. 发病原因

羊的子宫内膜炎是子宫黏膜的炎症，是繁殖母羊一种常见的生殖系统疾病，此病是导致母羊不孕的重要因素之一，多因难产时人工助产消毒不严引起子宫感染，以及流产和胎衣停滞，引起子宫内胎衣腐败分解而导致本病发生。

2. 临床症状

（1）急性子宫内膜炎常见频频努责、弓腰、举尾、外阴部污染，流出脓性、血性分泌物，尤其当卧地后从阴道流出白色污秽样脓性分泌物，体温升高，食欲明显下降。

（2）若体温升至41℃以上，食欲废绝，精神高度沉郁，可视黏膜有出血点，则为败血性子宫内膜炎。

（3）慢性子宫内膜炎没有体温变化，食欲正常，唯有经常从阴道排出浆液性分泌物，正常发情，但是屡配不孕。

3. 防治措施

（1）助产时应做好器械、术者手臂和羊的外阴部的清洁消毒工作；

（2）产羊后，要及时检查胎衣排出情况和子宫内是否还有未产出的胎儿，以便及时采取措施；

（3）子宫冲洗是必要且有效的治疗措施之一，利用子宫冲洗器械将消毒液注入子宫并导出反复进行，直至导出的冲洗液透明为止；

（4）已出现全身症状的，应及时应用抗菌药物，必要时进行输液疗法。

（八）胎衣不下

羊的胎衣不下是指怀孕羊在产后4~6小时内，胎衣仍未排出。本病在羊群中发生率较低。

1. 病因

发生本病多因怀孕羊缺乏运动，饲料中缺乏钙盐、维生素、蛋白质饲喂不足等，致母羊饮食失调、营养不良、体质虚弱，从解剖结构上来看，羊的子宫具有子功阜和胎衣紧密联结在一起的特点，客观上胎衣排出要慢一些，此外，子宫炎、布氏杆菌病等可导致胎衣粘连，羊缺硒可致胎衣不下。

2. 临床症状

临床上可见病羊食欲减少或废绝，精神较差、喜卧地、弓腰、努责、下蹲；常见阴门外悬垂露出的部分胎衣，胎衣滞留2天不下者，则可发生腐败，从阴门流出污红色腐败恶臭的恶露，其中杂有灰白色腐败的胎衣碎片等，当全部胎衣不下时，部分胎衣从阴户中垂露于后肢跗关节下部。

3. 防治措施

（1）产后不超过24小时的可应用垂体后叶素注射液、催产素注射液或麦角碱注射液，0.8~1毫升一次肌肉注射；

（2）应用药物疗法已达72小时而不见效者，宜手术取出胎衣。

手术方法：保定好病羊，按常规准备及消毒后进行手术，手术者一手握住外漏的胎衣，并将其拧成绳索状，稍用力地向外牵拉，另一手沿胎衣表面伸入子宫，轻轻剥离胎盘，一边剥离一边拧绳一边外拉，直至胎衣全部拉出；向子宫内灌注抗生素或防腐消毒药液，防止发生子宫内膜炎。

（3）灌服益母生化散。

（九）肠炎

肠炎即腹泻，是最为常见的一种羊病，多因饲养管理不当和微生物传播造成腹泻，可直接导致消化不好、吸收不良和生长发育迟缓，严重时常引起小羊和弱羊发生脱水而死亡。

1. 发病原因

发生腹泻常见原因有，过食或风寒造成的消化不良，大量摄入冰冷不洁饲料和饮水、胃肠道寄生虫所引起；饲草饲料霉变；慢性肠炎、部分微生物等。

由于腹泻会造成肠道微生物区系的紊乱，正常处于劣势的有害菌群趁势活跃并产生毒素，加重腹泻和心肌麻痹，而微生物群的紊乱，致使不能正常合成B族维生素。同时，肠道内大量碱贮因腹泻而被排出，又导致酸中毒，因腹泻机体明显脱水，致血液黏稠，加重心脏负担，若治疗不及时，则小羊和弱羊有可能死亡。

2. 临床症状

消化不良引起的腹泻体温一般正常，稀便中常带有未消化的草料残渣。粪便酸臭，但羊保持有一定的食欲。

胃肠道寄生虫引起的腹泻，体温一般也不高，腹泻较轻，时好时坏，吃喝基本正常，并可在病羊粪便中发现虫体或虫卵。

霉变饲料引起的腹泻有轻有重。

梭菌引起的腹泻体温升高、精神沉郁、食欲减退或废绝、粪便恶臭常带有黏液或血液，病情一般较重。羔羊多有神经症状。

3. 剖检变化

主要病变在小肠，肠黏膜水肿出血，肠腔内有的含有气体和液体，有的含有血液。

4.诊断要点

主要依据腹泻、不发热、有食欲等临床特征来确诊。

5.防治措施

（1）要消除和避免各种诱发因素，在母羊产前，羊舍应彻底清扫，并用20%的石灰水或2%的氢氧化钠消毒；

（2）羔羊出生后要尽早让其吃初乳，以增强自身免疫力；

（3）不要盲目应用止泻剂，预防毒素蓄积、吸收，可口服吸附剂和肠道消炎剂，饮用口服补液盐或电解质，以防脱水，必要时应用抗生素和输液等疗法。

（十）阴道脱出

阴道脱出是阴道壁部分或全部外翻脱出于阴门之外的疾病，阴道黏膜暴露在外面，引起黏膜发炎、溃疡、甚至坏死，怀孕后期极易发生。

1.病因

营养不良是主因，霉菌毒素是激发因素，由于营养不足加上赤霉毒素的影响，致使阴道周围的组织和韧带弛缓，怀孕后期腹压增大，加大了阴道脱出的可能性，体弱老年母羊更易发生。

2.临床症状

临床上见有完全脱出和部分脱出两种。

完全脱出时，脱出的阴道如拳头大，也可见阴道连同子宫颈脱出；部分脱出时，仅见阴道入口部脱出，大小如桃，卧下时脱出增大，站立时回缩略变小。

外翻的阴道黏膜发红青紫，局部水肿，黏膜损伤，可形成出血或溃疡。病羊在卧地后，常被污物、垫草污染脱出阴道黏膜，严重者，可有体温升高等全身症状。

3.防治措施

（1）孕羊应加强饲养、全价营养，防止阴道脱出。

（2）对于脱出的阴道壁，用0.1%的高锰酸钾溶液清洗，水肿严重时可针刺放液，减小体积，以利回送。局部涂擦抗生素软膏后，用消毒纱布托住脱出部分，由基部缓慢推入骨盆腔，基本送完时，用拳头顶进阴道。为防止再脱出，可做枕状减张缝合阴门固定，也可在阴门两侧深部，注射刺激剂使阴唇肿胀固定，对形成习惯性脱出者，可用粗线对阴道壁与臀部之间做缝合固定。

（3）应用抗生素和补中益气中药。

（十一）奶山羊不育

1.导致母羊不发情或者发情不及时的可能因素

原因一：母羊体型过度肥胖或者消瘦，太肥或者太瘦都有可能引起无法正常发情，因此平时一定要注意合理地补充蛋白质，切忌过量或者量不足。

原因二：母羊缺乏一定的运动，正因如此，圈养羊要比放羊的患这种病的概率大很多。解决办法是圈养必须留有足够的运动场。

原因三：母羊生产分娩时难产、胎衣不下、人工助产消毒不严、生产后后驱污染，导致子宫发炎，解决方法是给子宫消炎，然后注射催情针。

原因四：如果母羊上一胎难产，由人工助产后才顺利产下羊羔的话，就要考虑是由于外力或者机械对母羊的身体造成损伤而导致的不发情。这种情况一般是长久性的，不容易治愈的，可考虑作为淘汰羊育肥后屠宰。

原因五：由于饲喂霉变饲料或者草料引发的。主要是玉米中的黄曲霉素、玉米赤霉烯酮、呕吐毒素、T-2毒素，除了引起奶山羊采食量下降、肝机能受损、免疫机能下降外，特别是玉米赤霉烯酮可使生殖道上皮变性，引起母羊流产等。

2.减少不发情问题的产生

（1）在母羊产后，肌肉注射青霉素+链霉素。注射剂量：青霉素1万～2万单位/千克体重，链霉素1毫克/千克体重。使用时间：连续用3天，每天1次。

（2）注射产后康。注射剂量：0.1～0.2毫升/千克体重。使用时间：连续用3天，每天1次。

3. 母羊不发情怎样进行人工催情

（1）青年母羊不发情，可以小剂量肌注性腺激素，促进生殖器官的发育和成熟，引起发情。如用己烯雌酚或三合激素，每天肌注1支，连用3～4天。但应注意的是，性腺激素一般只能引起动物表面发情，而卵泡很少发育，即使配种也很少怀孕，但有可能促使一次正常发情。

用性腺激素催情，剂量不可过大，否则会引起促性腺激素分泌减少，造成更严重的繁殖障碍，也可能造成第一次发情期配种后无论受孕与否，以后不再表现发情，最终造成母羊空怀。

（2）在繁殖季节用甲羟孕酮阴道海绵栓（内含甲羟孕酮40～60毫克）处理14天，停药前1～2天注射氯前列烯醇半支、孕马血清250国际单位，可有效引起母羊发情。在非繁殖季节用氟孕酮处理效果较好。

（3）泌乳羊在肌注孕马血清250 IU的同时，注射嗅亭（促乳素拮抗剂），间隔12小时再注射1次，发情率可达90%以上。

（4）第一天打氯前列烯醇半支、孕马血清250 IU，到第3天、第4天发情12小时后再配种，同时注射促排三号1支，再隔12小时复配1次。

第四章　机械化挤奶与鲜羊奶的卫生检疫

第一节　机械化挤奶

一、挤奶前的准备

1. 奶山羊的准备

母羊在挤奶前，应确保每个乳房都准备到位，以达到最佳的挤奶效果。乳房准备工作非常重要，这样可控制因环境病原体引起的乳房感染。

（1）乳房和乳头剪毛。过多毛发的乳房和乳头会附着污物和粪便，不能通过正常的清洁方式清洁干净，并且毛发使乳房乳头很难充分干燥。乳房和乳头上的污水会造成羊奶被细菌污染，影响乳品质，并有可能导致乳腺炎发生。

（2）乳房和乳头清洁。母羊挤奶前，需对乳房和乳头清洁、消毒，并保持乳头干燥。这可极大地减小乳头上附着的细菌数，在减少细菌污染奶和设备概率的同时，也使细菌进入乳头引起乳腺炎的风险降到最低。

开始清洗乳房和乳头时，将前三把奶挤入专用杯中，并检查有无絮状物或结块；干净抹布或纸巾放入乳房清洗液中；拧掉多余水分，抹布或纸巾不要太湿；充分展开抹布，沿着向下方向充分擦拭乳头，特别是乳头末端；一个乳头使用一个干净的抹布或纸巾。乳房和乳头消毒时，如果清洁水变脏了，要立即用新鲜水和消毒剂替换。

清洁后乳房和乳头应干燥，尤其是乳头末端必须干燥，这是准备乳房挤奶程序中的关键一环。因为准备乳房挤奶的这一步，对于母羊乳房及进入奶桶的奶都会有一定的影响。首先在挤奶机接触乳头前进行药浴，然后将所有乳头药浴杯从乳头上或乳头末端移走，以上操作完成后，擦净乳房，清理掉所有可能滴到乳头的水珠，保证乳房干燥；用于干燥乳房的材料，多数情况下是单独使用的纸巾，其效果比较好。因为一次性纸巾可以减少细菌传播的机会，不干净时便于弃掉。最常见的一次性纸巾是相对便宜的棕色纸巾。用洗必泰（氯已定）消毒剂处理过的乳房湿巾，是清洗和干燥乳房的替代品。这种湿巾可用于奶山羊，避免使用危险消毒剂消毒乳房而造成羊奶污染。纸巾和湿巾在使用时都必须保证干净，且单次使用，使用要包裹乳头，沿乳头向下移动；干燥乳房时，布巾类清洁工具也可使用，使用时充分展开抹布，以最大接触面擦干乳房和乳头，布巾要经常更换，在两次使用之间应进行适当的清洗和消毒。清洗完后，弃掉纸巾或抹布。

　　无论使用干纸还是其他干布来干燥乳房，都不能有效去除角质碎片和细菌。因此，准备乳房和乳头挤奶时，必须要使用清洗液，如表4-1所示。

表4-1　乳房和乳头清洗剂清单

乳房清洗产品名	乳头清洗产品名
过氧化氢	洗必泰
洗必泰	过氧化氢
碘	甘油磺酸
乳酸、甘油、酒精	碘
十二烷基苯磺酸	乳酸—活性亚氯酸钠
尼辛	
季铵盐	

　　（3）奶的排放。奶排放需要经历一个过程。催产素释放后乳房压力达到最大，挤奶时可得到很好的产奶量。奶山羊乳排放时间相对短，乳房清洁、干燥应尽快有效完成，刺激结束后，2分钟内使用挤奶机挤奶。乳房准备时也会引起排乳反射，可以刺激产生最大排奶量，减少了挤奶时间和对乳头的损伤。因此，在挤奶过程中擦拭乳房非常重要。

2. 挤奶员工的准备

工作人员必须身体健康，经常修剪指甲。挤奶前应穿工作服、工作鞋，戴工作帽。要洗净双手，并经紫外线消毒。工作服、工作鞋以及工作帽必须每天消毒。

挤奶员的手经常与乳头直接接触，不干净的手会增加传染性乳腺炎的发生率，因此必须在挤奶过程中保持清洁。挤奶之前，手的清洁和消毒很重要，可以减少细菌传播，所以在挤奶设施中设置一个洗手台是非常必要的。当然，使用一次性手套最好，手套可减少挤奶工皮肤被细菌感染的风险，也可以杜绝手指甲缝积留的细菌传染给母羊。

3. 挤奶厅（间）的准备

挤奶前对挤奶厅（间）地面、墙面和排水口进行冲洗消毒，保证清洁无积水。提前打开排风扇进行通风。贮奶罐和贮奶间也要清洗消毒，贮奶罐消毒完毕后禁止打开，不能向其中投放任何物质，保证贮奶罐干净；贮奶间消毒完毕至挤奶前，挤奶厅（间）门都应该处于关闭状态。除此之外，挤奶前要对挤奶厅（间）建筑外环境用国家批准的杀虫剂，杀灭蚊蝇昆虫。

4. 挤奶毛巾的准备

在挤奶前要对挤奶毛巾进行清洗，放入洗衣机内加适量洗洁精，洗涤10～15分钟，洗涤完毕后要甩干或者晾干，使用之前必须保证毛巾干燥清洁，每天都要用84消毒液对所有的毛巾进行消毒。

二、挤奶

1. 挤奶羊顺序

确保初产羊最先挤奶，且在挤奶厅感觉舒适；初产羊挤奶后，再对健康成年羊进行挤奶；最后对乳房炎羊进行挤奶，乳房炎乳应销毁，避免与正常乳交叉存放，防止污染正常羊乳。

2. 套杯

（1）正确地将挤奶杯套到奶山羊乳房上。挤奶工责任重大，开启挤奶机后，尽量减少空气进入量，以保持挤奶真空稳定。在挤奶杯接触乳头期间，空气进入可能会造成挤奶管道堵塞，这将导致真空状态不稳。频繁地挤奶堵塞会导致母羊泌乳减少，增加挤奶管道事故。

定期维修设备可降低挤奶管道噪音，尤其是在挤奶结束时。

（2）单乳腺母羊挤奶。有些奶山羊由于乳房炎或乳头损坏，羊奶只能通过一侧乳腺产出，出现单乳腺挤奶的母羊。利用干净的充气塞堵住不泌乳一侧的挤奶管道，可保证泌乳一侧充分的抽吸，并阻止杂物吸入管道。如果设备设计有独立的自动关闭装置，可以更好地用于单乳腺母羊挤奶。应知道哪个乳腺不泌乳，以避免伤害母羊。

3. 机器运转监控

挤奶机在挤奶过程中正常运行，但也可能会出现影响羊奶流动的潜在问题，造成奶山羊乳头损坏。所以保证定期检测挤奶机标准参数非常重要，如表4-2所示。

表4-2　挤奶机标准参数

设备参数	标准参数
脉动速度	60～120次/分钟，90次/分钟最常用
脉动比	50%～60%
最大流动真空压强（kPa）	乳头：35～39 kPa 低管道系统：35.5 kPa 高管道系统：39 kPa

4. 移杯

（1）移除奶杯前关闭真空。取下奶杯之前，一定要先关闭真空。在挤奶管上安装阀门或夹子，或者给挤奶机安装关闭阀门。当挤奶结束奶流量减少时，挤奶工肉眼是可以看到，这时候就可以手动关闭真空阀门，然后将奶杯从母羊乳房上移走。挤奶机处于真空状态时，不要拔下挤奶杯，避免乳头受到损伤。

（2）自动脱杯。因节省劳动力，自动脱杯在挤奶厅里被大量使用。现已经由简单的奶流量传感器控制的真空操作，发展到了高精尖的电子设备。自动脱杯能够感知奶流动末尾阶段而不过度挤奶，在收回挤奶杯之前，及时切断真空，从而控制从挤奶杯到管道的乳汁流动距离，同时便于清理。

使用自动脱杯前需让母羊做好准备，以便乳头顺利释放；除此之外还要定期检查脱杯效率。

三、挤奶后管理

1. 奶山羊

挤奶后，乳头括约肌松弛，在30～120分钟内不能完全闭合，乳孔暴露于外界。挤奶后药浴乳头可减少外界病原体进入乳房的机会，但依然达不到完全保护的效果。为了防止环境中微生物进入乳头，挤奶后不要让母羊躺卧超过30分钟，同时，立即提供水和饲料。

一旦母羊离开挤奶厅，就当提供新鲜水任其自由饮用，饮水处周围要干燥、卫生；将新鲜饲料投入到饲槽中，诱使母羊站立采食而不躺卧。挤奶前，母羊进入待挤区，这段时间可以将湿的羊床清理干净，保持羊床干燥、卫生。此外，要控制苍蝇等。挤完奶后乳头末端会吸引苍蝇，苍蝇在乳头末端叮咬导致炎症发生，可能造成感染，增加乳腺炎的风险。夏天时，圈舍里的苍蝇要控制，特别是叮咬类型的苍蝇。

2. 挤奶厅

每次挤奶结束，都要对场地进行彻底清扫、消毒，保持整洁卫生。排水管道要保持畅通，及时排除污水，防止溢出渗漏到低洼处。同时，排水口排出的污水要及时清理。挤奶厅要防止蚊蝇进入，一只苍蝇身上可携带上百万个细菌，所以要经常铲除蚊、蝇孳生地的杂草。杂草和粪便运到粪污处理区集中处理，禁止焚烧杂草。每周要用2%氢氧化钠溶液或其他高效低毒消毒剂消毒一次挤奶区周围环境；排污池和下水道等每月用漂白粉消毒一次。杀灭蚊、蝇等害虫，为奶山羊提供一个良好的挤奶环境。

3. 挤奶机（设备）清洗

（1）清洗消毒的四大要素

①冲刷力：只有保证充足的水量，才能有足够的冲刷力。根据管道的长短和挤奶杯组的多少计算出清洗所需水量。

②水温：预洗温度35～40℃，洗涤温度70～80℃，洗涤后出水口温

度保持40℃以上。

③药液浓度：按照药品说明书进行配置，保证药液的浓度。

④时间：清洗时间保证30分钟以上。

（2）消洗、消毒的程序

①每班挤奶前，应用清水对挤奶设备进行冲洗，一般10分钟。

②预冲洗：挤奶完毕后，应马上进行冲洗。不加任何清洗剂，只用清洁的温水35～40℃进行冲洗，预冲洗不用循环，冲洗到水变清为止。

③碱洗：碱洗浓度pH=11.5（碱洗液浓度，应考虑水pH值和硬度），预冲洗后立即进行，循环清洗7～10分钟后，开始温度在70～80℃，循环后水温不能低于40℃。

④酸洗：酸液浓度pH=3.5（酸洗液浓度，应考虑水的pH值和硬度）循环清洗7～10分钟，温度应在6℃左右。

⑤酸洗碱洗交替使用，一般"两班碱，一班酸"。

最后温水冲洗5分钟。清洗完毕，管道内不应留有残水。

4. 羊奶检测与保存

按照《生鲜乳收购标准》（GB/T 6914—1986）的要求对生羊奶的感官指标（气味、颜色等）、理化指标（纯度、沉淀物、抗生素、消毒剂、冰点、酸度等）进行检测。有条件的可以进行微生物指标和体细胞数的测定。挤出后的羊奶要在2小时内冷却到4℃以下，并进行低温保存，贮藏于4～5℃的冷槽或冷库中。

四、羊奶采集中常见问题及防控

刚挤出的羊奶对时间和温度的控制有着严格的要求，如果处理不当，就会产生许多问题，难以确保生羊奶品质。

1. 羊奶细菌数严重超标及防控

按照《食品安全国家标准生乳》（GB 19301—2010）规定，生乳中细菌总数不能超过200万个/毫升，刚挤出的羊奶温度在32～35℃，细菌繁殖很快，必须在2小时内降温到安全温度4℃，才能有效地抑制细菌繁殖，确保奶源优质。

　　为了控制羊奶中的细菌数，采集羊奶时应做到以下几点：挤奶前保证乳房干净和乳头干燥；确保挤奶设备无菌，包括挤奶机、管道、软管、奶桶和贮藏罐；使用完整无破裂的奶衬，避免细菌聚集；贮藏罐及奶桶要卫生，并且保持在$0 \sim 4 ℃$；清洁系统中的热水器应达到最佳温度，保证清洁过程中水量充足；控制外界环境湿度，尽量保持干燥。

　　2. 奶山羊乳腺感染病原微生物防控（乳房炎防控）

　　（1）保持乳房清洁。处在泌乳期的奶山羊常用肥皂水和干净水清洗乳房，使乳头和乳房皮肤保持干净卫生，增加乳部皮肤的抵抗力，防止破损时细菌感染。挤奶前用温水清洗乳房，然后用干毛巾擦干。挤奶后用$0.2\% \sim 0.3\%$氯胺T溶液或0.05%新洁尔灭溶液浸泡或擦拭乳头。羔羊吮乳或外伤引起母羊乳头破损时，应停止哺乳$1 \sim 2$天，局部涂上磺胺软膏或紫药水，将乳汁挤出后喂羔羊。

　　（2）定期检测。定期对奶山羊乳房进行检查，一旦发现奶山羊患有乳房炎，要及时做好隔离、治疗及消毒工作，并单独饲养和挤奶。

　　乳汁淤滞排出不畅是引发乳房炎的一大隐患。每天要检查奶山羊乳房的健康状况，发现乳房有结块，乳汁色黄，立即报告兽医进行乳房治疗。可边揉乳房边挤奶，直至挤净淤结的乳汁，肿块消失。同时给羊多饮水，降低乳汁的黏稠度，使乳汁变稀，易于挤出，从而达到内引流、通乳散结的目的。此外，给羊饲喂蒲公英、紫花地丁、薄荷等中草药，清热泻火，凉血解毒，消除乳房炎症。另外，每天要按时挤奶，一天挤$2 \sim 3$次，这样既可以增加产奶量，又可以减轻乳房的负荷量，避免乳汁淤结。

　　（3）重视干乳期的预防保健工作。采取逐渐干奶法对奶山羊进行干奶。逐渐减少挤奶次数，打乱挤奶时间，停止按摩乳房，适当减少精饲料的喂量，控制多汁饲草的喂量，使母羊在2周之内逐渐干奶。

　　如果在干乳期发现奶山羊乳房肿胀，首先要对乳房进行热敷，并做好按摩工作，减轻症状。保持泌乳奶山羊的后肢部干净，每天清洗乳房。干乳期要保持运动场干燥卫生，加强奶山羊的运动量。干乳前在乳头处适量注射普鲁卡因青霉素油剂，可对泌乳期间发生的乳房炎继续进行治疗和加强巩固，还能够有效预防干乳期发生乳房炎。

（4）及时治疗乳房炎。奶山羊发生乳房炎时要及时治疗，贻误防治会造成奶山羊乳房脓肿或迅速死亡。只有及早防治，才能防患于未然。保护出现疾病的奶山羊，如若患病乳房充血、水肿明显，禁止热敷，这会促进脓肿形成，加重病情。可以使用硫酸镁溶液冷敷，制止过度充血，在其他治疗配合下使水肿消散；也可使用0.25%普鲁卡因20毫升（内加青霉素80万单位）作乳腺后封闭，以减轻病情。青、链霉素联合注射，青霉素一次160万单位，链霉素一次100万单位，一日2～3次，连续注射直到痊愈。

第二节　生羊奶质量检测

一、正常羊奶的物理特征

1. 色泽与气味

山羊奶为白色不透明的液体，胡萝卜素含量低，其色泽比牛奶白。

山羊奶具有膻味，即豆香味，味道纯厚。生羊奶的膻味通常不易闻出来，加热时才比较明显。

2. 比重

山羊奶的比重一般为28°左右，比重与乳成分有密切的关系。初乳比重高，可达50°以上。常乳中干物质越多，比重越大；脂肪含量越高，其比重越低。

3. pH值

正常羊奶的pH值为6.6～6.9，不在这个范围内，表示羊奶不正常。pH值超过6.9时，可能是乳房受到细菌感染而发生了乳房炎。pH值低于6.6时，则可能混有初乳或羊奶中已有细菌繁殖而产酸，使酸度升高。

二、主要检测指标及其影响因素

羊奶运输之前，必须进行质量检测，羊奶检测指标有总细菌数、酸度、粉尘率、气味、体细胞数、冰点、抗生素、清洁剂、消毒剂或者生羊奶销售者添加的其他物质的残留量。有时根据产品的要求会增加更多的检测指标。符合要求的羊奶需用专用奶罐运输到乳品加工厂。如果羊奶不符合质量标准，乳品加工厂会拒收羊奶。

1. 微生物

羊奶的细菌污染可以通过平板计数法或细菌扫描法来测量，如若生羊奶没有在集奶罐中冷藏储存，而依赖一般奶罐储藏自然冷却，通常要用亚甲基蓝还原检测法（MBR）或刃天青检测法检测细菌总数。对于细菌数偏高的羊奶应进行以下检查，使细菌数目下降：

（1）挤奶系统检查。譬如潜在的机械性能问题。定期更新设备；检查清洗步骤、清洗剂浓度、清洗液温度，机器运行（水流量）；检测橡胶零件部分，尤其是挤奶管道和挤奶杯；挤奶前乳房处理，挤奶员手部清洁。挤奶系统清洗不干净、仪器老化都会造成细菌数目升高。

（2）冷却系统检查。譬如冷却系统的技术问题，检测奶温；突发情况导致冷却系统失灵；奶罐清洗。冷却系统失灵、奶温升高、奶罐不干净，都容易使羊奶滋生细菌。

（3）饲养管理检查。譬如人工或机械清洁、冷却的改变；羊与羊床的卫生清洁；饲料储存卫生条件；动物健康、乳房炎。

使用冷水对生羊奶降温可减少细菌的增殖，同时可使生羊奶酸度保持较低水平。羊奶温度高于10℃时，奶中乳酸菌繁殖较快，导致乳糖大量转化为乳酸，增加奶的酸度。奶罐中生羊奶冷却时，可配备制冷设备，如冷却水箱或水池、表面冷却环器、波纹板式冷却器、内置搅拌冷却器，与奶罐耦合在一起而形成一个整体的系统并对生羊奶进行冷却。

2. 体细胞数

当生羊奶的体细胞数超过100万个/毫升时，可以认定体细胞数量过高，必须逐一对奶山羊个体产出的奶进行检测，寻找到异常奶山羊，并且进行及时处理。羊场普遍使用加利福尼亚乳房炎检测法（CMT），可很好地反映羊奶中体细胞数，操作简单，方便易行。

3. 纯度或沉淀物

健康的奶山羊可生产出高品质的奶。奶山羊饲养应远离泥污、粪污和尘土。定期修剪乳房周围毛发，避免毛发过长而沾染污物。生羊奶的主要污染源是不干净的乳房和乳头。挤奶前乳房和乳头上有污物时应彻底清理掉。挤奶时应避免环境中灰尘对奶的污染。虽然生产实际中生羊奶要进行过滤，但这并不能完全消灭细菌或去除污物。可使用滤奶器，将奶中固体颗粒分离出去，也可作为一种监控手段指示羊群乳房健康状况，如果滤纸上有黏液或凝块迹象，表明可能有羊患有乳房炎。

4. 冰点

奶中掺水将影响奶的冰点。山羊奶的平均冰点约为-0.56℃。只要奶中掺水，奶的冰点将上升，接近于水的冰点。通过特殊设备如冰点测定器、乳脂计等检测，可以判断奶中是否掺水。实际生产中，常使用乳用密度计和电导仪进行检测。

羊奶的冰点比较稳定，与奶成分关系密切。出现异常冰点的原因有：羊奶中添加了水，如挤奶机清洁系统故障，没有正确排水；奶桶在挤奶前没有完全干燥；挤奶操作不规范，乳房残留水混入羊奶中；羊奶成分异常；日粮饲喂不合理，干物质浓度的变化导致羊奶在不同的温度下被冻结。

5. 抗生素

奶中存在不同种类的天然生长抑制物质，如乳烃素、过氧化物酶等。这些天然物质会在奶巴氏消毒时失活。然而，使用过抗生素治疗的奶山羊产出的羊奶运输至乳品加工厂，在加工成羊奶产品过程中会出现许多问题，如影响与发酵有关的细菌的生长。细菌的活性保留至关重要，它是奶酪、黄油以及酸奶等产品风味的诱发剂。目前，戴尔沃检测（DelvotestSP）法已被广泛使用于乳中抗生素检测，如果条件不允许的话，则可选择准确性稍差的发酵酸度检测法。

6. 消毒剂

氯仿（$CHCl_3$）可用于检测生羊奶中的消毒剂。消毒剂可能来源于未充分冲洗或水未沥干的挤奶设备，以及奶山羊挤奶的前处理。

7. 黄曲霉毒素

黄曲霉毒素是黄曲霉和寄生曲霉等某些菌株产生的双呋喃环类毒素，是毒性极强的剧毒物质，其菌株广泛存在于玉米、大麦、小麦、棉籽、花生及其副产品等各种饲料原料中，故生产中奶山羊中毒多是采食了霉变或变质饲料所引起。《食品安全国家标准》规定，羊鲜乳及乳制品中黄曲霉毒素不得超过0.5微克/千克。可用快速检测试纸条对黄曲霉毒素进行检测。

8. 除草剂农药残留

常见除草剂最高农药残留可参考表4-3，GB 2763—2019《食品安全国家标准食品中农药最大残留限量》对农药残留做了详细规定。

表4-3　常见除草剂最高农药残留

农药中文名	农药英文名	功能	最大残留量
百草枯	paraquat	除草剂	0.005毫克/千克
多菌灵	carbendazim	杀菌剂	0.05毫克/千克
滴滴涕	DDT	杀虫剂	0.02毫克/千克
敌敌畏	dichlorvos	杀虫剂	0.01毫克/千克

9. 苯甲酸

（1）概念：苯甲酸又称安息香酸，是食品工业中常见的一种防腐保鲜剂，但乳制品中是禁止添加的，长期摄入苯甲酸会造成哮喘、荨麻疹、代谢性酸中毒和抽搐等不良反应。

（2）乳中苯甲酸的来源：乳中含有一定量的天然苯甲酸。

①牛和其他草食动物的尿液中都含有一种物质，称为马尿酸（牛的尿中含量可以达30～60毫克/升），马尿酸也可通过乳汁排出，因此可以存在于牛奶中。当然，在过去美国的农场主还通过向牛奶中添加牛的尿液，以提高氮含量，所以添加了牛尿的牛奶马尿酸可以更高。牛奶中的马尿酸可以在乳酸杆菌等细菌的作用下，水解形成苯甲酸。

②诱发乳房炎的乳链球菌也可在奶中生成苯甲酸，因此乳腺炎乳、腐败变质乳中苯甲酸含量会有所升高。

（3）羊奶中苯甲酸解决方案：①快速制冷，挤出的奶在2小时内温度降到4℃以下；②盛奶容器和挤奶设备的认真清洗，特别是挤奶管道中的C型奶垢，一种疏松的海绵状结构，为微生物的繁殖和生长提供了营养和场所，加速了马尿酸的转化；③乳中苯甲酸可用快速检测试条检出。

10. β−内酰胺酶

（1）β-内酰胺酶（β-Lactamase），俗称抗生素分解剂，又名解抗剂或金玉兰酶制剂，以青霉素为底物的称为青霉素酶，以头孢菌素作为底物的称头孢菌素酶。根据β-内酰胺酶的基质特异性，可大致分为青霉素酶、头孢菌毒酶、肟型头孢菌素酶三类。目前发现的β-内酰胺酶大约有200多种。

（2）β-内酰胺酶（β-Lactamase）来源，是耐药细菌代谢过程中产生的一种蛋白质，可特异性分解β-内酰胺类抗生素。比如青霉素、头孢等都属于β-内酰胺类抗生素。而这些抗生素就是我们平时在羊乳生产过程应用最广泛的抗生素，用于治疗羊的乳腺炎和其他全身感染疾病。因此羊奶中检出β-内酰胺酶可能是奶山羊自身产生的，也可能是羊奶加工过程中感染了某些细菌所产生的，还有就是不法商贩为了掩盖抗生素奶人为添加的抗生素分解剂。

羊奶中β-内酰胺酶的来源：

一是内源性，羊奶中有关细菌产生的；

二是外源性，人为加进羊奶中的解抗剂。外源性β-内酰胺酶是我国不允许在食品中使用的物质，违法使用的目的是掩盖违规使用大环内脂类等抗生素治疗奶山羊疾病的行为。

但是内源性β-内酰胺酶的产生也是科学研究基本确认的事实。

（3）羊奶中β-内酰胺酶的预防：①快速制冷，挤出的奶在2小时内温度降到4℃以下，阻止羊奶中的耐药菌产生β-内酰胺酶；②盛奶容器和挤奶设备的认真清洗；③用中草药预防隐性乳房炎，添加菌酶公英加。

第三节　羊奶贮存

一、生羊奶采集后的处理

生羊奶的质量好坏是影响乳制品质量的关键，只有优质的生羊奶才能产出优质的产品。但是羊奶在挤出后容易受到各种污染，除了微生物的污染以及脂肪氧化反应导致的羊奶变质酸败的因素外，在采集过程或运输过程中混入的杂质也会使羊奶发生变质，所以需要对鲜羊奶进行一系列处理，包括过滤、净乳、杀菌、冷却以及适宜环境的储存，来去除其中的杂质以及一定程度的杀菌，从而延长鲜奶的储存期。

1. 过滤

过滤可以去除生羊奶中的杂质和部分微生物。将细纱布折叠成四层，结扎在奶桶口上，把挤出的羊奶经纱布缓缓地倒入桶中就可以达到过滤的目的。还可以使用过滤器，过滤器为一夹层的金属细网，中间夹有经过消毒的细纱布，乳汁通过过滤器，就能除去污物和杂质。过滤用的纱布，必须保持清洁，使用过后先用温水冲洗，再用0.5%碱水洗涤，最后再用清水冲洗干净，蒸汽消毒10～20分钟，存放于清洁干燥处备用。

2. 净乳

虽然生羊奶经过滤去除了大部分的杂质，但是由于乳中存在很多极为微小的杂质和细菌细胞，很难通过一般的过滤方法去除。为了达到更高的纯净度，一般会采用离心净乳的方法对生羊奶进行净化。其净乳的原理就是在高速旋转的离心力作用下，大量的杂质及细菌细胞会由于其质量的比重差别存留在分离器的内壁或者底部，使奶得到净化。

3. 杀菌

为了消灭生羊奶中的有害细菌，延长乳的保存时间，经过过滤、净化后的生羊奶应进行消毒杀菌。杀菌的主要方法有放射杀菌、紫外线杀菌、超声波杀菌、化学药物杀菌、加热杀菌等，一般多采用加热杀菌。根据采用的温度不同，又可分为低温长时间杀菌法、短时间巴氏杀菌法、高温瞬间杀菌法和超高温杀菌法。

4. 冷却

净化后的生羊奶一般都直接进行加工，如需短期贮藏，必须进行冷却以抑制奶中微生物的繁殖，从而保持羊奶的新鲜度。冷却的方法较多，最简单方法是直接用地下水，注入水池进行冷却。在小型乳品加工厂中多采用冷排装置进行冷却。冷排装置由金属排管组成，奶由上而下经过冷却器表面流入贮奶槽中，而制冷剂（冷水或冷盐水）从管中自下而上流出，以降低冷排表面的温度，冷排装置结构简单、价格低廉、使用效果较好，适用于小规模乳品加工厂和奶山羊场。大型乳品加工厂多用片式冷却器。无论采用何种冷却设备，都要求将挤出后2小时内的生羊奶冷却到4℃以下。

5. 贮藏

冷却后的生羊奶只能暂时抑制微生物的活动，当温度升高时，细菌又会开始繁殖，因此冷却后的奶还需低温保存。通常将冷却后的生羊奶贮藏于4~5℃的冷槽或冷库中。羊奶冷却的温度越低，保存的时间就越长，一般将羊奶冷却到1~4℃，可保存2天，冷却到5~8℃，可保存1天，如果把羊奶加热消毒后再冷却，则保存的时间会更长。除此之外，羊奶还不能受到暴晒或者照射灯光，因为日光、灯光等均会破坏奶中的大量维生素，使其丧失香味。

二、生羊奶保鲜方法

1. 热杀菌法

（1）巴氏低温杀菌法。巴氏低温杀菌法即低温长时间杀菌法。此法是将鲜奶加热到61.5~65℃，并保持30分钟。主要应用消毒缸（也称冷热缸）等杀菌器杀死奶中的病原菌。巴氏杀菌乳能在杀灭牛奶中有害菌群的同时完好地保存了营养物质和纯正口感。经过离心净乳、标准化、均质、杀菌和冷却，以液体状态灌装，可以达到商业无菌的状态，并可以直接供给消费者饮用。美国市场上的非发酵液态奶基本上都是巴氏杀菌乳，但是由于各种原因导致巴氏杀菌乳在中国市场上销量很少，较多的还是超高温灭菌奶。目前较多的还是仅在奶山羊场中做初步消毒用。

（2）高温瞬时杀菌法。高温瞬时杀菌法其温度为85～87℃，需时10～12秒。选用转鼓式杀菌器、管式杀菌器，或片式热交换器等杀菌设备，提高了杀菌温度，缩短了保温时间。由于该方法杀菌温度高，保温时间短，且杀菌效果好，可以实现连续生产，适宜于大规模工厂化生产的需要，缺点是杀菌过程中羊乳中的酶易被破坏。

（3）超高温瞬时杀菌法。超高温瞬时杀菌法又称超沸点瞬时杀菌法。将羊奶加热至130～150℃，保持0.5～2秒钟，随之迅速冷却，即可杀死奶中绝大多数病原菌微生物。可用蒸汽喷射直接加热或用热交换器间接加热，此种处理的羊奶完全无菌，在无菌包装和常温条件下，可保存数月。

2. 低温保鲜法

由于微生物对温度的敏感性较大，在低温下保存生羊奶，可有效地抑制微生物的生长、繁殖，并造成大量的有害嗜温菌的死亡，减少生羊奶中的有害微生物数量。挤出的生羊奶在2～3小时内，冷却至0～4℃可保存24～48小时。目前来看，采用低温保鲜法保存生羊奶是乳品保鲜贮藏的重要手段之一。

三、贮存设备

羊奶的储存设备一般有普通羊奶储存罐和直冷式奶罐（见图4-1）。普通羊奶储存罐由圆柱形不锈钢形成缸体，内装搅拌器使存入缸内的乳不会形成乳脂肪上浮，外表用不锈钢抛花板包装呈圆柱形，使表面美观大方。在缸体与外包装之间填充玻璃棉，形成保温层，有利于隔温贮存。装有温度计，便于测量缸内的液料温度。具有羊奶贮存方便、降温制冷效果好、罐体内部羊奶热量分布均匀，以及羊奶不容易变质的优点。

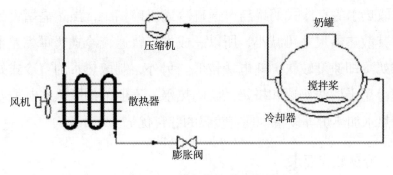

图4-1 直冷式奶罐示意图

直冷式奶罐由制冷单元和奶罐单元构成，制冷单元包括压缩机、冷却器、膨胀阀、散热器和风机，奶罐单元包括奶罐和搅拌桨，两个单元通过冷却器与奶罐耦合在一起形成一个整体系统。

刚挤出的羊奶进入奶罐后冷却时，制冷单元运行，低温制冷剂在奶罐下部的冷却器中汽化吸热，将奶罐内紧贴罐壁的羊奶冷却，奶罐内的搅拌桨同时旋转将奶罐内其他部位的羊奶与紧贴罐壁的冷羊奶不断置换混合，实现罐内羊奶的整体冷却；罐外冷却器内吸收了羊奶热量的制冷剂气体，被压缩机吸走并升压后进入散热器，在散热器中把制冷剂携带的热量排入环境空气，制冷剂则成为液体，经膨胀阀后又形成低温制冷剂，再送入奶罐底部的冷却器进行下一个循环，实现奶罐中羊奶热量的连续移出。

直冷式奶罐的优点是奶和制冷剂直接换热，系统简单紧凑，工作可靠性好，整个系统可在车间内制作和调试完成后，整体运至用户现场，并且安装简便。但该设备对天然冷源的利用率低、功能单一，且制冷系统的功率配置较大，制冷剂气化后的热量排入空气造成热量浪费。

除了现有的普通直冷式奶罐，还有采用电子膨胀阀的直冷式奶罐、采用热管散热器的直冷式奶罐，以及同时制取热水的直冷式奶罐。

其中采用热管散热器的直冷式奶罐只要环境温度低于羊奶温度，热管散热器即可自动运行，用于羊奶冷却；根据环境温度高低，可单独用热管散热器来冷却羊奶，也可用热管散热器与制冷单元联合进行羊奶冷却，可使羊奶冷却所需的能耗减少30%以上。

制取热水的直冷式奶罐与普通直冷式奶罐相比，虽然需增设热回收器，但其散热器尺寸可减小，所以总成本与普通直冷式奶罐相差不多。因此羊奶冷却速度较快、耗电量较低。另外，制取热水的直冷式奶罐可直接获得用于清洗奶罐和挤奶系统的热水，不但节约了热水制取费用，还省去热水加热炉等设备，具有较强的综合优势。

四、冷藏贮存要求

1. 对乳品加工厂用于生产的生羊奶必须先进行外观质量检查，核实生羊奶质量、数量等后入库。

2. 按照生羊奶的储存标准要求，合理储存生羊奶。冷藏保鲜的生羊奶储存于冷藏罐（温度0~4℃），库房应有避光措施。超过2小时未冷藏的生羊奶不得销售。

3. 做好奶罐的清洁卫生，按规定进行清洗，做好防火、防热、防霉、防虫、防鼠和防污等工作。

4. 定期检查生羊奶的储存条件，做好奶罐防晒工作，对储存生羊奶的环境进行温、湿度监测和管理，如湿度超出范围，应及时采取调控措施。

5. 生羊奶储存间应保持卫生整洁、通风，门窗玻璃完好，墙壁天花板无霉菌、无脱落，防虫、防鼠、防尘、防潮、防霉设施配置齐全，措施得力。

6. 非工作人员不得随意进入生羊奶储存区域。

第五章　奶山羊精准饲养实用技术

第一节　瘤胃健康技术（养羊就是养瘤胃）

一、奶山羊瘤胃生理功能介绍

奶山羊的瘤胃是一个高效率连续接种的，供嫌气性微生物繁殖和生活的活体发酵罐。瘤胃内温度保持在39～41℃，pH值6～8，每毫升瘤胃液中含纤毛虫45万～200万个，细菌及真菌25亿～500亿个。

瘤胃微生物对消化饲料营养发挥重要作用。奶山羊的瘤胃可容纳饲料和液体22升，占全胃总容积的79%。

瘤胃微生物的作用：

一是产生纤维素水解酶，能将采食的50%～80%的粗纤维分解转变成碳水化合物和低级脂肪酸（主要是乙酸、丙酸和丁酸），再经瘤胃上皮细胞吸收。

二是将饲料中的低级（劣质）蛋白质和非蛋白氮如氨化物、尿素等，转化成全价的高品质的菌体蛋白质和纤毛虫蛋白质，随食糜进入真胃和小肠后，充当奶山羊的蛋白质需要，供机体消化、吸收、利用。它可以满足奶山羊蛋白质需要的20%～30%。

三是合成维生素，如合成B族维生素和维生素K，能够满足机体对这几种维生素的需要。

四是将牧草和饲料中的不饱和脂肪酸变成饱和脂肪酸，将淀粉和糖转化成低级挥发性脂肪酸，满足机体的需要。

瘤胃微生物的类别和数量不是固定不变的，随饲料的改变而改变。不同的饲料所含成分不同，需要不同的微生物来消化吸收。改变日粮时，微生物区系也发生变化。所以在奶山羊饲养管理中，改变日粮时要逐渐进行，使微生物能够适应新的饲料组合，保证消化功能正常。

突然改变奶山羊饲料，往往会引发奶山羊消化系统疾病。

二、奶山羊瘤胃健康的标志

一是一定频率和一定强度的蠕动。健康羊在饲喂后半小时开始反刍，每次反刍持续30～40分钟，每一食团咀嚼次数为50～70次，每昼夜反刍6～8次。羊患病时可出现反刍减少或废绝。反刍和嗳气减少是瘤胃运动机能障碍的结果。嗳气停止常伴有食欲废绝、反刍消失等症状，并可导致瘤胃鼓气。嗳气增加是瘤胃内的发酵过程旺盛或瘤胃运动机能增强的结果。

二是合适的瘤胃pH值。瘤胃的pH值一般在6～8。由于纤维素的分解要求pH必须在6.4以上。

三、如何保证一个健康的瘤胃功能

①合理的精粗比例是最关键的手段。一般精粗比在60%以下时，随着精粗比的增加，生产性能在增加，但是瘤胃的健康状况在下降。

当精粗比超过60∶40时，瘤胃的健康就会受到大的影响，导致瘤胃酸中毒。

②饲料中适当添加缓冲剂碳酸氢钠、氧化镁。二者按2∶1的比例混合后，按总量的1.5%添加效果最好。主要是中和瘤胃中过多的乳酸。

③饲料中添加酵母培养物——瘤胃舒，加速瘤胃中多余的乳酸迅速地转化为丙酸、转化为葡萄糖为动物提供能量。

瘤胃健康，奶山羊的生产性能、繁殖性能、免疫性能都会得到大的提升。

第二节　奶山羊羔羊人工哺乳技术

一、羔羊人工哺乳技术的意义

1. 什么是人工哺乳：在羔羊吃完初乳以后，小羊不再吃自己母亲的奶，而是转入羔羊舍，进行人工哺乳。

2. 人工哺乳的意义：提前检测母羊的产奶量；使羔羊的吃奶量比较一致，发育统一；减少母羊疾病传染给羔羊，提高羔羊成活率；防止羔羊对母羊的干扰；在羊奶价格较高位时可以降低哺乳成本，提高养羊效益。

二、人工哺乳的注意事项

1. 定羊：应按羊的日龄、性别、强弱合理分组，这样可以保证羊吃奶适宜，发育正常；

2. 定时：人工哺乳应按照哺乳期培育方案规定的时间，按顺序先后哺乳，开始每隔6小时（左右）喂1次，每日4次，随着日龄的增加，减少喂奶次数，添加适口性好、易消化的羔羊开口料，让其自由采食。

3. 定量：饲喂量小，则营养不足；过量则消化不良。开始喂0.25千克，随着日龄、运动量、体重增加，应酌情增加哺乳量。40日龄以前按体重的25%左右为宜，40日龄达到最高峰，40日龄后，要训练羔羊多采食精料、优质干草，哺乳量也随之减少，为体重的15%。

4. 定温：人工哺乳的奶温，接近或稍高于母羊体温为宜，以38~42℃为好。过低易引起胃肠疾病，过高会烫伤口腔黏膜，注意对酒精温度计的校正。

5. 定质：喂羔羊的奶必须新鲜卫生，无污染，经过巴氏消毒，加热前要用纱布过滤，做到一次加热一次喂完。

6. 卫生：卫生是防止羔羊消化道疾病的关键。每次吃完都必须立即清洗吃奶器具，防止微生物繁殖，定期用热碱水消毒1次，羔羊口角用纸巾擦干净，防止相互舔舐。

7. 保温：羔羊在冬末、春初，保温非常重要，特别是昼夜温差大的情况下，夜间的保温尤为重要，防止羔羊感冒；羔羊需要舒适、干燥、柔软的地方躺卧，并要保证空气的清新。

8. 教料：5~7天，给羔羊料槽中添加适口性好、易消化的羔羊开口料，让其自由采食。

9. 教草：15天后为了防止羔羊采食污染垫草，发生瘤胃粘连，应给羔羊补充营养，增加优质苜蓿干草。

10. 减奶：羔羊哺乳到40日龄时，应逐渐减少奶的喂量。从占体重的25%减到15%，使羔羊增加对饲草、饲料的摄入。

11. 食草：50~70天的羔羊应该以食草为主，补给少量的奶或者停喂奶。优质干草及高品质的精料成为其日粮的主要成分（促使瘤胃发育，促使反刍，促使唾液、胃液、胰酶分泌）。

12. 羊奶及其开口料中添加酵母培养物（瘤胃舒），能提高羔羊瘤胃中丁酸弧菌属的数量，从而促进丁酸的产生，有效降低羔羊的腹泻发病率。

13. 断奶，当羔羊一天对固体草料干物质采食量＞300克/天时，可以给羔羊断奶。

三、人工哺乳量的参考

羔羊吃完初乳后就可以实行人工哺乳，人工哺乳可以是羊奶，也可以是代乳粉。哺乳量的多少很关键，饲喂量小，营养不足；过量则会引起消化不良。羔羊哺乳量参考表5-1。

表5-1　羔羊哺乳量

日龄	饲喂天数	浓度（克/升）	每次饲喂量	每天饲喂次数	累计饲喂量（毫升）	代乳粉量（克）
1~3	3	0	初乳	3	—	—
4~6	3	175	175~200	3	1 800	315
7~14	8	175	200~250	3	6 000	1 050
15~21	7	175	250~350	3	7 350	1 286
22~28	7	175	450~500	2	7 000	1 225
29~35	7	175	500	2	7 000	1 225
36~42	7	175	350	2	4 900	858
43~45	3	175	400	1	1 200	210
合计	45	—	—		35 250	6 200

四、小结

羔羊人工哺乳的重点是哺乳量、温度和卫生。特别是哺乳过程中的重复哺乳和遗漏哺乳都是不可取的，甚至要做到哺乳一个标记一个；使用代乳粉浓度配比要标准，现配现用；采用鲜羊奶哺乳的一定要经过巴氏灭菌，防止腹泻发生。两年来的实践经验告诉我们，规模饲养，羔羊只有采用人工哺乳技术，才能有效提高羔羊的成活率。

第三节　羔羊的全活全壮（羔羊你冷吗？）

羔羊是牧场的希望，羔羊是牧场的未来。

一个牧场能否可持续发展，希望来源于羔羊的成活率。

2018年和2019年我们推广羔羊人工哺乳，提高羔羊的成活率取得可喜的成果。2020年春季，经过走访大量的养羊户和微信群的调研，羔羊的饲养管理还存在一定的问题，即羔羊的呼吸道疾病成为羔羊健康的重点。

在走访的30户养羊场中，存在流鼻涕、咳嗽症状的羔羊90%以上，在病情开始阶段，羔羊吃喝基本正常，当救治不及时或者饲养条件得不到改善，那么羔羊的病情就向支气管炎、肺炎方向发展，有时引起链球菌病和传染性胸膜肺炎。解剖羔羊的肺脏出血实变，剖面有大量的带血黏液性渗出。消化道空虚，无食物，肠道鼓气不明显。其他脏器基本正常。

经过判定认为这是羔羊的受寒感冒引起的单纯呼吸道感染。由于羔羊个体小，抵抗力差，病情发展快，稍不注意，疾病就发展到不可救药的地步。因此，在临床上我们一定要对流鼻涕的羔羊进行预防性的治疗，就是在它的疾病还没有进一步发展的时候，"早发现，早治疗"。一般采用10毫升鱼腥草稀释0.5克氨苄西林钠，分两次给羔羊肌肉注射，一天两次，连用4~5天，效果非常好。那么，对于一个存栏较大的羊场，单个治疗是比较费时，并且影响羔羊的生长，因此必须在发病原因上下功夫。

奶山羊规模化养殖是近几年来发展起来的，人们对奶山羊的饲养管理还达不到精细化要求。不像是养鸡、养猪，鸡的育雏、仔猪的管理现在的经验和技术上都比较成熟，特别是在雏鸡和仔猪的环境硬件设施建设上，达到了相当高的水准。针对羔羊呼吸道的发病原因，就是由于寒冷、通风不良、昼夜温差大等，造成羔羊感冒引起的一系列问题。因此，要提高羔羊的成活率、提升羔羊的健康水平，也一定要在羔羊舍的建设上下功夫。

纵观当地所有的羊场，能有合格羔羊舍的羊场几乎没有。大部分是大小羊同舍，根本无法满足羔羊对环境温度、通风等的要求。有的有羔羊舍，建设得也不理想，通风不良，无加温措施，单纯地靠保温来提高舍温，氨气、硫化氢等有害物质严重超标，对羔羊的呼吸道造成刺激伤害。

根据羔羊的生理需求，羔羊舍的建设必须高标准、严要求。

①羔羊舍选址在地势较高、干燥、背风、向阳、距离职工宿舍较近的地方。②羔羊舍不适宜用自动刮粪和漏粪地板。③在北方地区，一定要装有采暖设施，以地暖的形式最好。④有垫草的地方可以用垫草；没有垫草的地方可以用活动的漏粪垫板；每天早上打扫羊圈时，垫板拿出去晾晒。漏粪垫板最好是木头的，板条宽6厘米，厚4厘米，缝隙2厘米，这样，羔羊活动比较安全，晚上躺卧也干净。⑤羔羊舍最好是东西走向，利于采光。⑥建筑不要太高，沿墙高2.8米，利于保温。⑦羔羊舍的通风以自然对流为主，下部进气窗要高于羔羊脊背，屋顶用无动力风机。⑧地板可以是水泥压光，靠墙边留尿槽。⑨羔羊舍屋顶必须是彩钢带保温层。⑩舍外留尽可能大的运动场。

当改变了羔羊的生长环境，特别是克服了寒冷刺激，昼夜温差过大，通风不良，结合羔羊的人工哺乳，相信羔羊的成活率和健康状况一定会有较大的提高。

第四节　饲料饲养对羊奶成分的影响

羊奶和牛奶的主要营养成分组成基本一样，即乳脂肪、乳蛋白、乳糖、矿物质、微量元素和维生素等（表5-2），其中乳脂肪和乳蛋白的可变化程度是最大的，其他成分的含量基本恒定。从目前的研究结果来看，影响羊奶中成分变化的原因主要由三部分构成，一是奶山羊所摄取的日粮对羊奶中的干物质含量的影响，这主要影响的是乳脂肪和乳蛋白；二是环境因素变化对乳成分的影响；三是乳腺组织病变对乳成分的构成一定的影响。本篇就具体分析一下三大因素对羊奶成分产生的影响。

表5-2　羊奶与牛奶主要成分含量

成分	羊奶	牛奶
乳脂肪率（%）	3.5	3.5
乳蛋白率（%）	3.1	3.1
乳糖含量（%）	4.5	4.9
矿物质含量（%）	0.8	0.7
总干物质含量（%）	12.0	12.2

一、饲草饲料对羊奶乳脂肪的影响

1. 乳脂肪的构成

羊奶中的脂肪是甘油三酯的混合物，其中短链脂肪酸（C4～C14）、长链脂肪酸（C16～C20）含量约各占1/2。长链脂肪酸几乎均由日粮中的脂肪酸提供。短链脂肪酸并非直接来源于日粮中的脂肪酸，而是乳腺细胞利用乙酸盐和β-羟丁酸盐所合成的。乙酸盐和β-羟丁酸盐都来源于瘤胃中植物性碳水化合物发酵而形成的乙酸和丁酸。

2. 精粗比对乳脂肪的影响

日粮精粗比是日粮结构的重要指标，也是影响乳脂肪率的重要因素。高纤维饲料可以促进乙酸的生成，而低纤维饲料则促进丙酸的生成，即高的精粗饲料比通常会降低乳脂肪率。原因是减少了脂肪酸合成的前体物（乙酸和β-羟丁酸）含量，从而抑制了短链脂肪酸合成（一是瘤胃内微生物合成细菌本身所需的脂肪酸减少，二是乳腺细胞直接合成的乳脂肪减少）。因此，为了维持乳脂肪率的稳定，日粮中必须保证有足够的高纤维饲料，即至少应含有19%～21%的中性洗涤纤维（NDF）。

3. 日粮中的脂肪含量对乳脂肪的影响

添加含饱和脂肪酸的脂肪可以直接提高乳脂肪率；添加含不饱和脂肪酸的脂肪，则可以在瘤胃微生物的作用下经过加氢反应转变为饱和脂肪酸，也能增加乳脂肪的含量。但日粮中的脂肪添加量必须维持在较低的水平，一般不超日粮的3.5%，添加量过大，则会影响瘤胃微生物对粗饲料的消化。在日粮中添加脂肪或者脂肪酸，用钙皂、甲醛等方法加以保护处理（过瘤胃脂肪）可以维持和提高乳脂肪率。如果瘤胃的酸度很高，加氢反应过程中会出现一部分反式脂肪酸（反10-顺12共轭亚油酸），可以通过调节乳脂合成网络中的关键基因，进而影响乳脂合成原料中碳链≤16C的脂肪酸从头合成，严重者，可导致乳脂率下降50%，但对乳蛋白和奶产量没有影响。

4. 日粮中淀粉颗粒粉碎程度影响乳脂肪率

玉米粉碎的程度也决定了乙酸的生成量。程度越高，瘤胃中微生物生成乳酸的速度就越快，瘤胃中pH值下降就越明显，当瘤胃中的pH值低于6.0时，纤维素分解菌的活动就会停止，乙酸的生产量下降，乳脂肪率降低。因此，奶山羊饲料中的玉米不能过度粉碎，以4～5毫米颗粒为宜，减缓微生物发酵玉米形成乳酸的速度。当丙酸产量升高后，较高的丙酸和葡萄糖水平可以刺激胰岛素的释放，而胰岛素可以增强脂肪酶的活性，从而增加脂肪前体物质的吸收，抑制脂肪组织释放脂肪酸，结果导致乳腺中用于合成乳脂的乙酸等脂肪酸前体物质减少，导致乳脂合成的减少。

5. 日粮中添加缓冲剂有利于提高乳脂肪率

对常年饲喂青贮料和精饲料偏高的奶羊，添加缓冲剂（碳酸氢钠、氧化镁，或者把二者按2:1的比例混合效果最好）可以预防和减缓瘤胃中pH值的下降，从而提高乳脂肪率。

6. 酵母培养物——瘤胃舒

奶山羊饲料中按3%～4%比例添加酵母培养物——瘤胃舒，能够增加瘤胃中纤维素分解菌和乳酸利用菌的数量和活力，可加速瘤胃中乙酸的生成和乳酸的转化（丙酸），升高瘤胃的pH值，提高乙酸/丙酸比，增加乳脂率，改善瘤胃功能和奶山羊的健康水平。

二、饲草饲料对羊奶乳蛋白的影响

1. 日粮中蛋白质在瘤胃中的转化

日粮中的70%蛋白质，可以在瘤胃中被瘤胃微生物降解为氨基酸、胺或氮，被瘤胃壁直接吸收或合成菌体蛋白，这一部分叫瘤胃可降解蛋白；日粮中还有一部分不被瘤胃微生物降解而直接进入真胃或小肠被消化分解为氨基酸，为过瘤胃蛋白，过瘤胃蛋白在真胃和小肠消化吸收，一部分转化为乳蛋白。

2. 饲料的能氮平衡对乳蛋白的影响

奶山羊瘤胃须有足够的可降解蛋白质与可发酵物质，并保持降解与发酵速度平衡（反刍兽的能氮平衡），满足瘤胃内微生物繁殖，产生更多的微生物蛋白，提高乳蛋白的含量水平。因此，反刍兽的能氮平衡关乎菌体蛋白的最大生成量。

3. 日粮中的能量

日粮能量水平是影响乳蛋白率的重要因素之一。能量不足，会降低奶羊瘤胃内微生物蛋白的合成量，使合成乳蛋白的氨基酸被作为能量利用，导致乳蛋白率降低。所以，在奶羊日粮中，蛋白质充足时，增加精料量，通过增加能量的摄入量，提高羊奶的乳蛋白率。

4. 日粮中的蛋白质和氨基酸含量对乳蛋白的影响

日粮中的蛋白质水平与乳蛋白率呈正相关。现实中的日粮蛋白质配比超标的有很多，约70%的日粮蛋白质在瘤胃中被微生物降解，再合成微生物蛋白，这个过程依赖于能量供应（反刍兽的能氮平衡）。另外30%过瘤胃蛋白在真胃和小肠消化吸收转化为乳蛋白。

赖氨酸和蛋氨酸是乳蛋白合成的限制性氨基酸。因此，可以选择降解率低的蛋白质原料（鱼粉、羽毛粉、血粉、肉粉、肉骨粉、玉米蛋白粉和甲醛处理的豆粕）或者过瘤胃氨基酸。

5. 添加B族维生素有利于提高乳蛋白率

提高日粮中B族维生素的含量能够提高羊奶的乳蛋白率。

三、环境因素、年龄和胎次对乳成分的影响

季节和环境温度，对奶山羊产奶量和乳成分含量有较大的影响。在夏季气温较高时，往往产奶量、乳脂肪及蛋白质的含量，均有所降低，我们平时称这种现象为"夏季三低现象"，主要是由于气候炎热导致的干物质采食下降，而影响到泌乳量和奶中干物质的减少。因此，夏季应对奶山羊采取防暑降温措施。

奶山羊的年龄和胎次不同，其产奶量和乳成分的含量也不相同。一般第一胎的产奶量低、乳成分含量比较高；第二、三、四胎，产奶量较高，乳成分有所下降；第五胎后，产奶量逐渐下降，随着年龄增大，羊乳中蛋白质、乳脂含量有降低的趋势。

四、乳房疾病对乳成分的影响

最近几年来人们对羊奶中体细胞数含量和羊乳中成分变化有了较多的研究，羊奶中的体细胞数（SCC）代表着奶山羊乳房的健康状况，SCC越高，隐形乳房炎发病越严重。反映到乳成分中的变化，乳脂肪随着SCC的升高而下降，与SCC呈负相关；乳糖的含量也与SCC呈极显著的负相关；乳蛋白则随着SCC的增加而升高。但是，升高的乳蛋白中，酪蛋白和酪氨酸的含量减少而乳清蛋白增加，羊奶的风味和营养价值下降，特别是奶酪制作中，奶酪产量大幅度降低，奶酪的品质下降。

第五节　保护奶山羊乳房健康

乳房炎发病给生产造成的损失越来越被人们重视，防止和减少奶山羊乳房炎的发生，成为牧场管理工作者研究的重要课题。

一、乳房炎的发生

乳房炎是由病原微生物感染而引起的乳腺组织和乳头发炎，乳汁理

化特性发生改变的一种炎性疾病。其特点是乳中的白细胞增加，乳腺组织发生病理变化。舍饲的高产羊及经产羊多发，干乳期和分娩期的发病率高于泌乳期。

1. 感染

引起奶山羊乳房炎的病原微生物包括细菌、支原体等多种病原微生物。主要由革兰氏阳性菌，如黄色葡萄球菌、链球菌等细菌的感染所致。

病原体侵入乳房的途径：

①病原体由乳头孔侵入乳管，上行到乳腺组织，引起乳房炎；

②通过挤奶或其他损伤造成乳房的破口引起乳房炎；

③羊的其他部位有感染，同时羊的抵抗力特别低下，病原菌从感染的部位，通过血液循环进入乳房。

2. 外伤

乳房炎常继发于各种机械损伤，最常见的是挤奶的方法不当造成的。在机器挤奶时，可因吸奶器的负压高低、脉冲的频率、集奶杯内衬老化、过度挤奶等不正确的操作，损伤乳头的皮肤及乳池的黏膜而造成感染。其次是乳房皮肤受到各种损伤，使病原菌得以乘虚而入。

3. 管理和卫生不良

病原菌感染主要与管理、卫生有关，特别是挤奶厅卫生较差，以及乳房炎羊污染的羊床、垫草、羊栏，使病原菌散布并使健康羊受到感染；其次，缺乏定期消毒制度，尤其是不讲究挤奶卫生，部分病羊与健康羊，一桶水、一块毛巾、一擦到底，造成乳房炎的人为传染。每次挤奶未挤净，乳汁积留，是乳房炎发生的重要原因。

4. 环境性乳房炎

由于环境中微生物的含量剧增，使入侵感染的机会增加，从而使临床性和隐性乳房炎的发病率增加。

主要发生于夏季炎热、潮湿、卫生较差的羊舍。一方面由于环境中的致病菌数量的增加，另一方面是机体的抵抗力下降导致的乳房炎多发。

5. 其他原因

许多其他病因，如产后生殖器官感染，羊的泌乳性能、年龄、遗传、应激等，与乳房炎的发生均有一定的影响。

二、对策

1. 克服和改变以上造成乳房炎的所有问题。

2. 采用乳头药浴：

①病原体由乳头孔侵入乳管，上行到乳腺组织，引起乳房炎，这是有害微生物感染乳房的最主要的途径；

②通过挤奶或其他损伤造成乳房的破口引起乳房炎；

③羊的其他部位有感染，同时羊的抵抗力特别低下，病原菌从感染的部位，通过血液循环进入乳房。

因此乳头的药浴在乳房炎的预防上显得尤为重要。

3. 规范挤奶程序

挤前三把奶—前药浴—擦干—套杯—脱杯—后药浴。

前药浴是为了全群羊（牛）的乳房健康（阻止疾病的蔓延）；

后药浴是为了保证个体羊（牛）的乳房健康（挤完奶后防止微生物进入到没来得及闭合的乳头孔）。

奶山羊以后药浴较为普遍。

4. 抗菌中草药定期预防

利用菌酶公英加发酵的公英散，每个月对泌乳羊群预防性地投药5～7天，可有效预防乳房炎的发生。

通过乳头后药浴再加上菌酶公英加的预防性添加，隐性乳房炎和临床性乳房炎的发病率明显下降。

第六节 奶山羊人工授精技术

人工授精技术较传统的本交配种有诸多优点，一是可以提高优秀种公羊的利用率，其授配母羊数是本交配种的数十倍，加速羊群遗传性状改良，降低种公羊的饲养费用；二是便于有计划地配种，克服了本交中存在的误配漏配现象；三是可以防止疾病的传播，有利于生殖疾病的早发现早治疗。特别对预防生殖道疾病、体表寄生虫病和接触性传染病，如疥癣、虱子、羊痘等病效果尤为显著。

一、配种前的准备工作

供采精、输精与精液接触的一切器材都要求做到灭菌、清洁、干燥，存放于清洁的橱柜内。

1. 假阴道、集精瓶的消毒

假阴道内用消毒的长柄镊子夹75%酒精棉球，进行内胎消毒，自内胎一端开始细致地一圈一圈地擦拭至另一端（急需时可用96%酒精棉球消毒）。外壳用酒精浸湿的酒精棉消毒一遍，放在消毒的瓷盘内，用灭菌纱布盖好备用。

将集精瓶放入清水中，用试管刷刷洗干净，并用蒸馏水冲洗一遍，用恒温干燥箱灭菌。也可进行蒸汽灭菌，使用前用灭菌的0.9%氯化钠水冲洗数次。

2. 输精器、开膣器的消毒

输精器用蒸汽灭菌，输完1只母羊后，用灭菌的0.9%氯化钠水棉球擦拭输精器，再给另1只母羊输精。

开膣器用清水洗净擦干，进行酒精火焰灭菌后，插入0.9%氯化钠水中即可备用。

3. 其他器材的消毒

玻璃器材用清水洗净，用恒温干燥箱灭菌。也可进行蒸汽灭菌。

纱布、手巾、台布等用水洗净，蒸汽灭菌。

外阴部的消毒布用0.1%新洁尔灭溶液消毒和清水洗净后，搭在室内晒干。

二、采精

采精时，选择发情的健康母羊保定。

1. 外阴部用0.1%新洁尔灭溶液消毒后用清水洗去药液并擦干。

2. 将安装好的假阴道，加入50～55℃温水（随气温高低而调整其温度）150～180毫升。

3. 为使假阴道内腔松紧适度，需吹入适量空气，一般看假阴道后端内胎呈三角形为合适。采精前，用消毒的温度计检查假阴道内的温度，以39～41℃为宜。

4. 采精时，先用温毛巾把种公羊阴茎包皮周围擦干净，操作者以右手拿假阴道与地面成35°～40°角，当种公羊爬跨母羊伸出阴茎时，将阴茎导入假阴道内。射精后，将假阴道竖起，放出空气，用毛巾擦干外壳，取下集精瓶，盖上盖，放在室内检查。

三、精液处理

1. 精液品质检查

肉眼检查：正常精液为乳白色，呈云雾状，无味或略带腥味。如带有腐败臭味，呈现红色、褐色、绿色的精液不可用于输精，射精量一般为1.0毫升。

显微镜检查：检查精液的室内温度应保持在18～25℃，显微镜保温箱内的温度在35～38℃。用输精器吸少量滴在载玻片上，盖上盖玻片，然后在400～600倍显微镜下进行观察。精液要求密度中等以上、活力0.7以上。

2. 稀释液配方

鲜奶稀释液：实用效果好，易取材。取鲜奶50～100毫升在消毒锅中煮沸30分钟，冷却后过滤奶皮，加青霉素、链霉素各50万单位即可。

输精精液稀释倍数：高倍稀释多采用1∶5～7倍。

四、输精

1. 发情鉴定

输精前要做好母羊的发情鉴定，一般采用公羊试情的方法进行发情鉴定，当母羊接受公羊爬跨时，即可输精。

2. 母羊保定与消毒

将输精母羊固定在输精架上，外阴部先用0.1%的新洁尔灭消毒后，再用温水洗净擦干。消毒液和温水分开盛装，两块擦布不能混用，温水要勤换。

3. 输精量

每只母羊为0.2毫升。

4. 输精

输精时把消毒的开膣器轻轻插入阴道内，慢慢张开，寻找子宫颈口，将输精器插入子宫颈1～2厘米，然后将精液注入子宫颈内。

5. 输精次数

每情期输精2～3次，间隔8～24小时再输精1次。输完精的母羊做好标记，记录。

附：奶山羊的同期发情

1. 同期发情技术原理

在自然情况下，母羊在繁殖季节里出现的发情是随机的、零散的，如果对繁殖母羊进行人工授精，每次采集的精液只能利用一小部分，这样就造成精液的极大浪费。而且，这种随机、零散的发情无形中使配种期拖长，最后产羔也比较散乱，不利于羊群的科学化、统一化管理。

同期发情也称同步发情，是利用人工方法来控制和改变空怀母畜卵巢的活动规律，使其在预定时间内集中发情且正常排卵的繁殖控制技术。可使母羊同期发情、同期配种、同期妊娠、同期分娩和羔羊同期出栏，从而达到全进全出的集约化、工厂化成批生产，使饲养管理成本大幅度降低，养羊经济效益得到显著提高。

母畜的卵巢活动从卵巢的机能和形态变化可分为两个阶段：卵泡期和黄体期。卵泡期是在周期性黄体退化，血液中孕酮水平下降之后，卵巢中卵泡迅速生长发育，最后成熟并排卵的时期，同时母畜也伴随着一系列行为上的变化。在发情周期中，卵泡期之后，卵巢上卵泡破裂部位会发育形成黄体，随即出现一段较长的黄体期。黄体期内，在黄体分泌的孕激素作用下，卵巢上卵泡生长发育受到抑制，母畜性行为处于静止状态，不表现发情，在未受精的情况下，黄体在维持一定时间后退化，随后出现下一个卵泡期。黄体期的结束是卵泡期到来的前提，黄体期内母畜机体相对高的孕激素水平抑制了母畜的发情，一旦孕激素水平下降到最低，卵泡即开始生长发育，随着卵泡的发育成熟，卵泡内膜上性激素分泌量的增加而导致母畜表现发情行为。

黄体对调节母畜发情周期起关键性作用。人为调控卵巢上黄体的存留时间或孕激素的作用时间，是母畜同期发情的理论基础。因而理论上母畜同期发情通常有两种途径：一种是延长黄体期，通过外源性孕激素处理类似于发情周期黄体期的一段时间，抑制母畜卵巢上卵泡的生长发育和母畜的发情表现，然后整个群体在同一时间去除孕激素处理，由于群体母畜卵巢均摆脱了外源性孕激素的控制，而且此时卵巢上的周期黄体已经退化，即能反馈性促进促性腺激素的释放，又能促进卵泡的发育，使母畜在短时间内同时表现发情，从而达到同期发情的目的；另外一种途径是缩短黄体期，应用前列腺素或其类似物加速处于黄体期不同阶段的母畜卵巢上黄体的同时消退，使卵巢同时摆脱体内孕激素的控制，卵泡同时开始发育，从而达到母畜同期发情。

2. 同期发情技术方法

用于同期发情处理的母羊：8月龄以上的后备母羊、断奶后未配种的母羊、分娩后40天以上的哺乳母羊。

第1天：

放栓（长度5~6厘米、直径1厘米左右）。

①将母羊用围栏集中到一起以方便抓羊，将母羊保定，用

1：9的新洁尔灭溶液喷洒外阴部，用消毒纸巾擦净后，再用一张新的纸巾将阴门裂内擦净；

②一人戴一次性PE手套，从包装中取出阴道栓，在导管前端涂上足量的润滑剂；

③分开阴门，将导管前端插入阴门至阴道深部，然后将推杆向前推，使棉栓留于阴道内，取出导管和推杆。

第13天：

第13天（按下栓当天算）下午7点注射FSH（促卵泡激素），50单位（半支）。

第14天：

上午7点（与第13天下午7点注射相差12小时）开始在羊的颈部两侧分别注射：促卵泡激素（FSH）50单位（1/2支），氯前列烯醇（PG）半支（0.1毫克），同时撤栓。

第15天：

下午开始查情（用公羊试情、决不能交配）。

第16天：

上午大约10点开始（距离撤栓48～52小时后）对发情母羊开始第一次配种；距第一次配种后10～12小时进行第二次重复配种。

第七节　草颗料技术，提高泌乳羊对干物质采食量

前边在奶山羊的营养需要中提到，奶山羊对干物质的需求。除过水之外所有的营养物质都包含在饲草饲料的干物质中，因此想办法提高干物质的采食量，就能提高奶山羊对营养物质的摄取，从而提高奶山羊的生产性能。

干物质的采食量除了与饲草、饲料的适口性、物理形状、消化难易程度有关外，决定干物质采食量的主要原因是饲草、饲料的膨胀系数。

也就是草料吃进去后，在体内膨胀越厉害的草料，奶山羊吃进去的干物质最多。从目前的饲料形式来看，奶山羊草颗粒饲料具有这样的特性。

一、草颗粒的好处

1. 饲草的生长和利用受季节影响很大

冬季饲草枯黄，含营养素少，家畜缺草吃；暖季饲草生长旺盛，营养丰富，草多家畜吃不了。因此，为了扬长避短，充分利用暖季饲草，经刈割、晒制、粉碎、加工成草颗粒保存起来，可以在冬季饲喂畜禽。

2. 饲料转化率高

冬季用草颗粒补喂家畜家禽，可用较少的饲草获得较多的肉、蛋、乳。

3. 体积小

草颗粒饲料只有原料干草体积的1/4左右，便于储存和运输，粉尘少有益于人畜健康；饲喂方便，可以简化饲养手续，为实现集约化、机械化畜牧业生产创造条件。

4. 增加适口性，改善饲草品质

如草木樨具有香豆素的特殊气味，家畜多少有点不喜食，但制成草颗粒后，则成为适口性强、营养价值高的饲草。

5. 扩大饲料来源

农作物的副产品、秕壳、秸秆以及各种树叶等加工成草颗粒皆可用于饲喂家畜家禽。

二、草颗粒的加工技术

加工草颗粒最关键的技术是调节原料的含水量。首先必须测出原料的含水量，然后拌水至加工要求的含水量。据测定，用豆科饲草做草颗粒，最佳含水量为14%～16%，禾本科饲草为13%～15%。草颗粒的加工，通常用颗粒饲料轧粒机。

草粉在轧粒过程中受到搅拌和挤压的作用，在正常情况下，从筛孔刚出来的颗粒温度达80℃左右，从高温冷却至室温，含水量一般要降低

3%～5%，故冷却后的草颗粒的含水量不超过11%～13%。由于含水量甚低，适于长期储存而不会发霉变质。

可以按各种家畜家禽的营养要求，配制成含不同营养成分的草颗粒。其颗粒大小可调节轧粒机，按要求加工。

三、颗粒饲料成分及效果

为给奶山羊生产配合饲料，提高饲料的利用率。用草粉（青干草、农作物秸秆）55%～60%、精料（玉米、高粱、燕麦、麸皮等）35%～40%、矿物质和维生素3%、尿素1%组成配合饲料，用颗粒饲料压粒机压制成颗粒饲料。压制时每百千克料加水量17千克，加浓度为37%的甲醛溶液100毫升，以提高其营养成分和消化率。据试验，生产8月龄的羔羊，用颗粒饲料育肥50天，日增重平均达到190克，每增重1千克，消耗饲料6.4千克。应用颗粒饲料生产肥羔，无论在牧区还是在农区均是一条促进养殖业发展的可行途径。

四、草颗粒饲喂技术要点及注意事项

奶山羊饲喂前要驯饲6～7天，使其逐渐习惯采食颗粒饲料。饲喂期间每日投料两次，任其自由采食。傍晚，补以少量青干草，提高消化率。颗粒饲料的日给量以每天饲槽中有少量剩余为准。一般活重为30～40千克的羊只日给量为1.5千克，活重为40～50千克的羊只日给量为1.8千克。采食颗粒饲料比放牧时需水量多，缺水时奶山羊拒食。所以要定时饮水，日饮水不少于两次。有条件装自动饮水器更为理想。

颗粒饲料遇水会膨胀破碎，影响采食率和饲料利用率。所以雨季不宜在敞圈中饲养，防止雨水淋湿。

饲喂开始前，必须进行驱虫和药浴。对患有其他疾病的畜禽要对症治疗，使其较好地利用饲料。适当延长饲喂时间将获得较大的补偿增重，达到预想的饲喂效果。

配合饲料按照家畜种类、生产性能以及生理状况，进行以草粉为主的日粮配合，可将配合后的饲料加工成一定剂型，便可直接饲喂畜禽。

例如对牛加工成直径160毫米、厚度10毫米的草饼，或者160毫米×170毫米×60毫米的草块；对羊只加工成长10毫米、半径5毫米的圆柱或方柱状的颗粒。

第八节 推广玉米全株青贮，降低饲草饲料成本，提高奶山羊的竞争力

青贮饲料是指青绿多汁饲料在收获后直接切碎，储存于密封的青贮窖内，在厌氧环境中，通过乳酸菌的发酵作用处理的饲料。

一、青贮饲料的优点

一是青贮饲料保存了青绿饲料的大部分营养成分；二是可以常年稳定地提供优质价廉、适口性好、营养丰富、易消化、利用率高的粗饲料；三是体积小、占空间少，管理费用低、储存时间长等优点。

二、优质青贮概念

通过收获、发酵贮存到饲喂，饲料中的营养成分最大限度地接近于刚刚收获时植物所含的营养成分。

制造青贮可以通过九个可控因素保证青贮的质量：修建合适的青贮窖；适时收割；适当的水分；适当的切割长度；快速装填；压实；封严；适宜的取料方式和取用量；应用青贮添加剂。

青贮质量第一指标："干物质含量"在30%～35%之间，"干物质中的淀粉含量"30%以上。

三、洗涤纤维评估青贮价值

中性洗涤纤维（NDF）主要包括半纤维素、纤维素、木质素。其中半纤维素容易被消化吸收，而纤维素的消化速度较慢，只有部分被消化，而木质素则不被消化。

NDF的含量影响奶牛、奶山羊的采食量。对于全株青贮玉米，淀粉增加，NDF不一定增加，随着玉米成熟度提高，NDF的消化利用率会降低；NDF越高，采食量越低。因此NDF不能太高。

酸性洗涤纤维（ADF）主要就是木质素，ADF影响消化率，从而影响粗饲料的代谢吸收。所以ADF越低越好。

四、影响青贮质量的因素

品种、收割成熟度、收割的高度会影响青贮质量。收割的成熟度为乳线3/4最好；留茬高度为30厘米。

总的来说，青贮玉米的干物质、淀粉含量、中性洗涤纤维和中性洗涤纤维的消化率是衡量玉米青贮质量的重要指标，这些指标与产奶净能及产奶量成正比。

五、青贮添加剂对于好青贮至关重要

1.添加剂可以好上加好；

2.添加剂无法弥补管理上的不足；

3.添加剂目的是优化营养价值，使损失最小化；

4.选用哪种添加剂取决于你的目标。

六、青贮的形式

目前包括地面堆贮、窖贮、拉伸膜青贮、塑料袋青贮。

1.地面堆贮：适宜于家畜存栏多、青贮量大的大型牧场，投资费用低，存取草方便。

2.窖贮：亦适合大型牧场大量储草的需要。建窖投资量大，干物质损失较多，坏草多，存取不便。

3.拉伸膜青贮：是近几年发展起来的一种形式，成功率高，青贮质量好，几乎没有坏草，方便运输，能当成商品；缺点是使用机械多，膜的费用高，膜会造成环境污染。适合于中小型奶山羊场使用。

4.塑料袋青贮：是较早的青贮方法。因机械化程度低，储存量不大

而逐渐被现代化牧场所淘汰。但这种方法和目前中小规模的奶山羊养殖很匹配；和拉伸膜青贮相比不需要特别的设备；和窖贮相比坏草少，取草容易；而且成功率比较高，特别是在扎口后再用吸奶器将踏实后袋中剩余的空气抽净，效果相当不错，很值得在养羊规模不大的养殖场户中推广使用这一方法。

玉米的全株青贮，以其营养价值高，成本低，可全年供应羊群的优点，已经成为奶山羊养殖的当家饲粮。同时也减少了干草供应的压力，克服了一年四季大量购买干草的不便和昂贵的代价。

七、青贮制作的SOP

1. 在开始制作新一季玉米青贮之前做好准备工作。首先做好以下规划，确保青贮窖满足牧场全年使用。

2. 玉米在田间的生长受到诸多因素影响，从而影响收割时间。收割之前若出现以下情况应引起重视：

（1）如果发生干旱，可能会影响作物的生长，造成作物能量和水分含量降低、硝酸盐水平提高；

（2）霜冻也会影响玉米在田间的生长。青贮玉米成熟之前如果遭受霜冻，将直接造成植株死亡。影响全株玉米的水分含量，并造成干物质损失。

3. 玉米青贮的理想干物质水平是35%（不同地区间可能会有一定差异，但可以作为概括性的评价指标）。如果青贮玉米过湿（干物质低于30%），会造成整体产量下降、影响发酵、丁酸产量增加，对奶山羊来说适口性非常差；同时还会造成干物质损失。如果青贮玉米过干又会影响压实效果，造成氧气残留过多，增加霉菌生长的风险。要获得合适的干物质，必须在恰当的时机收割。第一步要做的就是在田间巡视，准确掌握收割时间。

恰当的收割时间：玉米乳线为2/3时。如果低于2/3，干物质和总产量都会比较低。检查玉米乳线是一个非常重要但也有点过时的方法，现在使用微波加热法来判断收割时间更加快捷精确。

4. 在收割之前，必须清理青贮窖，并保持干燥。侧壁应使用塑料膜，在装填完毕后可以展开覆盖青贮窖。

（1）避免雨水顺着侧壁流入窖内，引起饲料腐败；

（2）避免氧气顺着水泥墙面渗入。

5. 收割之前，对田间全株玉米的品质进行整体评价，如果观察到发霉、病株或受损植株，收割时避开该区域。

6. 确保青贮收割机的刀片锋利，能很好地收获切割。

7. 割茬高度可根据奶牛的需要量和田间的实际情况来调整：

（1）如果全株玉米是喂给奶山羊的，割茬高度要适当高一些，45.7～47.5厘米，有利于提高全株玉米青贮的营养价值，提高饲料效率和产奶量；

（2）留茬较高时，干物质水平也会上升，所以留茬较高时收割宜早不宜迟；

（3）提高割茬高度时，青贮的硝酸盐水平会下降，当出现干旱时要考虑到这一点。

8. 青贮饲料的切割长度理论值为1.95厘米，籽粒破碎装置的滚轮空隙应该设置为2毫米。

籽粒破碎的主要目的，使淀粉能很容易地被瘤胃微生物利用，进而提高青贮饲料的淀粉消化率。

9. 将破碎的玉米粒送到粗饲料评价实验室可以进行籽粒破碎评分。主要方法是将籽粒过筛（4.75毫米），70%以上的破碎玉米粒能过筛就算合格，表明破碎度足够维持良好的淀粉消化率，进而提高产奶量。

10. 全株玉米青贮的最终切割长度应该在0.9～1.9厘米。

（1）太长不好压实；

（2）太短可能出现酸中毒症状，例如腹泻；

（3）要求切割时最好是非常干脆利落地切成段，而不是成丝状。

11. 可以考虑使用青贮发酵剂，通过产生有机酸来改善发酵和厌氧稳定性。请牢记，青贮发酵剂不能替代良好的青贮窖管理，只能作为进一步提高青贮品质的工具。

12.尽快装填青贮窖：

（1）将饲料损失降到最低；

（2）减少人工投入和封窖成本；

（3）减少进氧，改善发酵；

（4）减少真菌生长以及随之而来的腐败。

13. 使用公式：

（1）青贮压车/拖拉机重量（千克）/800=每小时压实青贮饲料的吨数，最理想的压实情况是每分钟压1~3吨玉米青贮；

（2）算出青贮运货车的容量，以及每小时运载次数。

14. 压实前，确保清洗拖拉机的轮胎，彻底清洁之前不能压青贮。因为泥土中的微生物会造成青贮饲料腐败。

15. 要达到较为理想的压实密度。推荐的最低压实密度为每立方米240千克干物质。

（1）密度越大青贮窖贮存的饲料越多。

（2）密度越大，窖内的空隙越小，可以降低进氧量，防止青贮饲料腐败，从而更好地保存青贮饲料。

（3）密度越大干物质损失越小（见表5-3）。

表5-3　干物质密度与干物质损失的关系

干物质密度（千克DM/立方米）	干物质损失（%）
100	11.2
150	9.8
200	8.4
250	6.9
300	5.5
350	4.0

（4）压实更充分。

通过以下措施来提高拖拉机重量：

①前后加配重；

②轮胎中充装液体。

16. 如果装填时间超过两天，那么晚上要盖上薄膜，表面放置重物避免氧气进入窖内。第二天早上不用再压实，因为已经开始发酵，再压一次会挤出二氧化碳导致氧气进入，并且还会增加霉菌等非理想病原的介入概率。

17. 在最后封窖前，可以在表面和侧面喷洒防霉剂，减少霉菌生长、氧气渗入和干物质损失。

18. 做好封窖工作，避免氧气渗入。

最好采取双层膜包裹封窖，底层先用5~8丝厚的隔氧膜OBP（Oxygen Barrier Plastics）包裹第一层，保证隔氧性。再使用12丝厚的黑白膜进行覆盖，白面向上有利于反射太阳辐射，降低青贮表面温度，两片膜的接口处至少重叠2米宽且上面的压下面的。（康奈尔大学研究发现：黑膜覆盖的青贮料温度比白膜覆盖的青贮料30厘米处的温度大约高5.5℃，15厘米处大约高11℃。）

覆盖青贮窖的高密塑料膜应具备以下特性：

（1）低渗透性材料，使氧气的扩散降到最低；

（2）耐撕裂；

（3）防紫外线。

19. 用重物压住整个青贮窖的表面，可以使用轮胎、砂石袋或其他适宜材料。确保有足够的重量压在表面，使塑料下没有气泡气囊，用废旧的传送带压住既平整又保护薄膜。传送带相比旧轮胎，减少了夏季存水滋生蚊蝇的缺点。

20. 开窖时机也要恰当，窖贮时间通常会维持几个月，或者直到pH值足够低才能开窖（约3.8），取决于发酵进程和玉米青贮本身的特性。

（1）注意当发酵较差时有可能不能达到pH 3.8的目标值；

（2）要测定pH值，可以将10克青贮饲料和90毫升水装入塑料袋中，用两掌温热几分钟，使用石蕊试纸测定pH值，注意石蕊试纸要附带pH标示说明书；

（3）如果开窖早，大量空气涌入，会影响发酵，引起饲料腐败，造成干物质和营养成分损失；

（4）如果玉米太干，且密封不好，发酵时间还会延长数周。

21. 根据取用量来揭开塑料膜。

塑料膜揭开的深度不要超出当天的取用深度。暴露的面积越多，渗入的氧气越多，有可能出现饲料腐败，从而削弱对整个青贮窖的保护。

22. 管理青贮取料面：

（1）每天根据用量取用；

（2）使用干净、锋利的抓斗或者青贮取料机；

（3）取用时不要造成表面碎裂；

（4）每天截取整个表面的取料深度至少达到30厘米；

（5）冬季每周暴露的表面不超过1～2米，夏季加倍，要实现这个目标，青贮窖不能太宽；

（6）尽快取用散落的青贮饲料。

23. 如果青贮窖有氧气进入，那么表层可以看到发霉或者饲料颜色变深。深色的青贮饲料含有丁酸，气味难闻，奶山羊的嗅觉比人类灵敏得多，不会吃这种饲料。每次刮取青贮饲料后，应该及时挑出深色或发霉的部分。

第九节　奶山羊机械化挤奶的标准化操作

一、挤奶前的准备工作

1. 工作服要求：一次性橡胶手套、工帽、口罩、雨鞋、围裙、套袖。

2. 挤奶机启动后必须检查真空表，显示正常后方可操作。

3. 药浴液的配置按照规定浓度配置并做详细记录。

4. 盛放药浴液的容器必须密闭保存，而且保证每班次现用现配，当班次使用剩余的应弃掉。

二、赶羊

1. 不得违反挤奶顺序（初产羊—高产羊—低产羊—其他病羊—乳房

炎羊进行挤奶）赶羊。

2. 赶羊时严禁高声吆喝羊、打羊及快速驱赶羊。

三、擦拭和清洗乳房

1. 对乳头污染严重的必须清洗擦拭。

2. 纸巾必须清洁和干燥。

3. 确保使用前和使用后的纸巾分开存放，不得混放。

四、验奶

1. 每个乳区弃掉前3把奶，如果发现疑似乳房炎乳，则再挤两把奶验证确认。

2. 乳区异常奶（水乳、血乳、乳房炎）和异常羊揭发，发现后做好书面记录。

3. 揭发为乳房炎的羊要做羊体标记，并做揭发记录。

4. 如果揭发乳房炎后，挤奶人员要对手臂立即进行清洗或者更换手套，方可操作下一只羊。

五、套杯

1. 对于已经坏死的乳区要空开，避免上杯，套杯前应先取乳头塞，挤奶杯组口塞上乳头塞方可套杯，不允许漏气。

2. 奶山羊不舒服及挣扎时，不允许用奶杯或其他工具打羊（特别是针对初产羊，更应该注意初挤保护）。

3. 从验奶到套杯应控制在60～90秒。

4. 假乳头要干净、卫生、经过消毒。

六、后药浴

1. 正常挤净奶后脱杯的羊只进行药浴，目的是消毒、封闭乳头孔。要求摘杯后10秒内药浴。

2. 后药浴液要保证药浴液浓度。

七、挤奶完毕后的维护

1. 每次挤奶结束后要对设备、管道和地面彻底进行表面卫生清洗、清理。

2. 设备无水渍、奶渍。

3. 清洗的关键要素：温度、浓度、时间必须达标。

4. 制冷罐羊奶储存温度保证在2～4℃。

第十节　奶山羊小反刍兽疫的加强免疫

小反刍兽疫（PPR，也称羊瘟）是由副黏病毒科麻疹病毒属小反刍兽疫病毒（PPRV）引起的，以发热、口炎、腹泻、肺炎为特征的急性接触性传染病，山羊和绵羊易感，山羊发病率和病死率均较高。世界动物卫生组织（OIE）将其列为法定报告动物疫病，我国将其列为一类动物疫病。小反刍兽疫的疫苗预防，也列入法定的计划免疫名单。

一、小反刍兽疫的临床症状

山羊临床症状比较典型，绵羊症状一般较轻微。

1. 温和型：症状轻微，发热，类似感冒症状。

2. 标准型：症状明显、典型，主要包括：

（1）突然发热。精神沉郁，发病2～3天后体温达40～42℃。持续3天左右，病羊死亡多集中在发热后期。

（2）流鼻涕。流水样到大量粘脓性鼻液，阻塞鼻孔，造成呼吸困难。鼻内膜发生坏死。

（3）流眼泪。流泪到流黏稠性分泌物，遮住眼睑，出现结膜炎，眼睛不开。

（4）咳嗽。

（5）口腔炎症。口腔内膜轻度充血到糜烂；下齿龈斑点状坏死，并扩展到齿垫、硬腭、颊和颊乳头以及舌，坏死组织脱落形成不规则的浅糜烂斑。口腔病变温和的羊，病变可在48小时内愈合，病羊可很快康复。

（6）腹泻。多数病羊严重腹泻或下痢，脱水，体重下降。

（7）怀孕母羊可发生流产。

（8）发病率通常达60%以上，病死率可达50%以上。小羊更高。

3. 特急型：发热后突然死亡，无其他症状。

二、当前小反刍兽疫的发病和防疫情况

1. 我国2007年首次发现于西藏，2013年底又在新疆发现，疫情均由境外传入。2014年1月起，疫情迅速向内地传播扩散，据农业部通报，至4月11日，全国22个省区确诊发生羊瘟。我县也是在2014—2015年大面积流行小反刍兽疫。

2. 小反刍兽疫我国将其列为一类动物疫病，一般在每年的3月份春防中安排小反刍兽疫的防疫工作。根据疫苗的说明，免疫持续期36个月，因此一头羊一年最多做一次疫苗。

3. 小反刍兽疫的最新流行

①各地不断出现局部小反刍流行情况。头窝羊发病率高，紧接着是第2、3窝羊，发病羊群羔羊的死亡率超过70%。

②经过长途贩运的成年羊，在运输应激的作用下，羊群也出现非典型性小反刍兽疫症状。有的人叫应激综合征，实际上是小反刍兽疫的非典型症状。

4. 防疫过程不科学。基层防疫人员为了省事，把小反刍疫苗和口蹄疫疫苗同时注射，这种注射办法会导致免疫竞争，其中免疫原性较强的疫苗机体的免疫应答就好，能够获得较高的免疫水平；而免疫原性较弱的疫苗，机体的免疫应答就弱或者不产生免疫应答，造成其中一种疫苗的免疫失败！

5. 疫苗在运输、贮藏、使用过程中的失误。稀释剂量不准、打飞

针、针孔漏液、稀释后放置时间过久，超过两个小时，稀释后不采用冰浴、遮光措施，漏打等都会造成免疫效果不确定。

6. 羔羊出月时如果只注射一次小反刍疫苗，一方面由于可能存在母源抗体的干扰，另一方面由于羔羊的免疫器官发育得不成熟，羔羊对疫苗的免疫应答较弱或者不产生免疫应答，免疫效果比较差。

三、如何提高小反刍兽疫的免疫成功率

小反刍疫苗的免疫期限是三年，但是从实际生产中我们感觉到，在羔羊时期只注射一次小反刍疫苗，并不能完全阻止小反刍疫情的发生。其中的原因除了上边所列的原因外，从免疫学的角度考虑，应该还存在免疫密度不够和没有进行加强免疫有关。

1. 什么是加强免疫

加强免疫的基础是免疫系统的免疫记忆功能。免疫记忆，是指免疫系统快速且特异性地识别机体先前接触过的抗原、从而迅速对该抗原产生有效应答的能力。二次免疫（加强免疫）产生反应所需的时间更短、更迅速，反应也更强烈、更持久，产生的抗体水平更高、抗体梯度下降速度更慢。在生产中，只有经过二次免疫诱导的免疫力，才能为机体提供有实际意义的保护。

2. 提高免疫密度

首先，我们应知道免疫接种不等于免疫。免疫是指接种疫苗后机体通过免疫应答产生足够的抗体保护。只有当畜群的免疫密度达到60%以上，畜群才能阻挡疫病在畜群中的流行。由于疫苗保存、接种规范、机体应激、营养是否良好和动物健康等原因，部分动物接种后并未引起免疫反应、或免疫反应低于有效保护水平，导致免疫失败，无法应对环境中的野毒攻击，易于感染。因此，在生产中不但要提高接种密度，同时要保证接种后接种动物能够发生免疫应答并产生足够的保护抗体。

3. 加强免疫空窗期的消毒

当机体接种疫苗以后，大约还需要7天的时间产生免疫力，那么这7天没有建立起免疫保护的时间，就叫免疫空窗期，空窗期是被防疫动物

抵抗力最低的时候，也是最容易被病毒侵袭的间隙，因此，空窗期要特别注重消毒工作，防止在空窗期被病毒感染。

4. 消除影响防疫效果的各种因素

减少应激，改变畜群环境、提高畜群的舒适度、改善畜群营养、防疫操作规范化、注意疫苗的质量。坚持"一人保定，一人注射；一畜一个针头（管）；打一个标记一个，不能重复，更不能漏打"的原则。

四、小反刍兽疫必须通过加强免疫以提高免疫成功率

鉴于以上多种因素，在生产中，羔羊断奶后做首次免疫，间隔21天左右再加强免疫一次，或在青年羊配种前约1个月加强接种一次；成年羊每年春防加强一次，取得了良好的效果。尽管小反刍兽疫疫苗理论上是一次接种可提供36个月的保护期，但是增强接种有助于提高免疫成功率。2019—2021年的实践经验告诉我们，只有通过加强免疫，才能有效保证小反刍兽疫的防疫效果，特别是阻止非典型病例的出现。

第十一节　奶山羊母子一体化

刚出生的羔羊对外界各种病原微生物的抵抗力是零。这时羔羊的主动免疫系统正在发育，尚未成熟，羔羊只能通过含有丰富免疫球蛋白的初乳获得抗体，建立被动免疫系统。因此，初生羔羊为保护其出生后45～60日内健康和生命，必须建立被动免疫系统，而唯一物质来源就是初乳。科学的初乳饲喂就是确保初生羔羊在出生后极短时间内能迅速建立起强大的被动免疫系统。

我们平时所遇到的问题是：

一是初生羔羊自然吮乳不足：奶羊乳房高度发育并下垂，不利初生羔羊吮乳。另外，奶山羊产乳量提高很多但却极大稀释了初乳，故羔羊在自然吮乳条件下不易获得足够初乳。

二是初乳质量不高：造成初乳质量不高的因素有初乳来自头胎羊或

五胎以上的经产羊；产前因漏乳而丢失大量初乳；干奶期超过90日或少于40日的初乳质量也不合格；首次挤出的初乳量超过1.5千克者质量亦可疑。

三是人工饲喂法喂量不足或时间滞后：传统的人工饲喂方法有一定缺点，即初乳喂量不足以及饲喂时间滞后而造成免疫球蛋白吸收受阻。

通过奶山羊母子一体化的技术措施，就可以避免以上问题。

1. 初乳管理影响羔羊的生长健康

初乳是羔羊的第一餐，是羔羊来到牧场的第一口营养。为什么有的羊群的羔羊成活率高？有的羊群的羔羊成活率低？主要因素就是初乳的因素：初乳的合格率是多少？

与优质初乳相比，低质的初乳会降低羔羊血清IgG，降低抗氧化能力（血液中的SOD、MDA、NO等指标），不利于被动免疫的建立，造成肠道绒毛损伤，肠道上皮发育受阻。

相反，优质初乳可以上调GLUT1表达，促进羔羊肠道的发育，降低羔羊的腹泻率。

初乳还会对羔羊微生物菌群的构建产生一定的影响。

既然初乳很重要，那我们应该从哪些方面入手提高初乳的质量呢？

一方面，提高母羊免疫力，从源头上提高初乳的质量。研究发现在母羊的围产期日粮中添加营养性添加剂（酵母培养物瘤胃舒，B族维生素），不仅能够显著上调CXCL8和Sell基因表达，增强嗜中性粒细胞吞噬金黄色葡萄球菌和大肠杆菌的能力，降低乳房炎发病率；还能够提高血液中的IgG含量，从而提高初乳中IgG含量。

通过改善母羊健康，进而影响羔羊健康，这就是"奶山羊母子一体化"。

另一方面，加强初乳的管理。早吃初乳，下羔后1小时以内让羔羊吃上初乳，"吃早、吃好、吃饱"。平时要善于收集和保存优质多余的初乳，以备某些没有初乳的母羊急需。

为什么必须在一小时内吃初乳：

初生羔羊的瘤胃很小且无功能，故饲喂的初乳将直接到达真胃但并不凝聚成块，能以液状进入十二指肠。因此，免疫球蛋白即母源性抗体得以原形很快通过肠道屏障进入血流。羔羊出生后约12小时开始"肠闭合"进程，至出生后24小时左右基本完成。

出生后三日，真胃产生凝乳酶，其能使乳汁凝聚而增加在真胃内被消化的时间（约几小时）。与此同时，真胃开始产生盐酸和胃蛋白酶，七日后，这种功能完全成熟。

此时，如真胃空虚，pH值为2.0，喂奶后pH值升高至6.5，3～4小时后复降至4.0左右。在下次进食之前，pH值在2.0～4.0的胃液具有杀菌作用。假如喂奶过多或用水稀释奶，那就不易形成凝块，造成酪蛋白很快进入十二指肠，从而导致因消化不良而腹泻。

综上所述，出生后超过24小时饲喂的初乳对初生羔羊来说因无法以原形吸收而只能成为一种营养物质被利用。基于此点，整个初乳饲喂工作必须在初生羔羊出生后24小时之内完成。初乳灌服宜越早越好。初生羔羊对初乳的吸收速率以出生后0～6小时为最高，其后则逐渐降低。

对于没有初乳，或者初乳不足的奶羊：

如果没有收集的初乳，静脉输入同群中成年母羊全血均能解决问题。如采取输血，一般情况下不必做配血试验；每1 000毫升血添加35毫升20%柠檬酸钠溶液做抗凝剂；每次输入100～200毫升，连续3～5次即可。

2. 酵母培养物改善羔羊胃肠道的发育

腹泻是羔羊最常见的问题，因此，控制羔羊的腹泻，就是保卫羔羊的健康，守护羊场的未来！

可以通过以下手段对羔羊的腹泻进行控制：

①羊奶中添加丁酸盐；

②日粮中添加酵母/寡糖：

羊奶中添加酵母培养物——瘤胃舒，可以提高胃肠道中丁酸弧菌的数量，促进丁酸的产生。现在已经证实酵母培养物能改变肠道微生物的区系，增加菌群的多样性，减少病原菌的定植，进而降低羔羊的腹泻率。

在所有的益生菌中，酵母菌在肠道中的定制能力最强，从而影响到有害菌在肠道中的定植。

3. 不同液体日粮对羔羊胃肠道发育的影响

对于羔羊的腹泻，我们不能单一地只从日粮添加剂手段来解决问题。关键还要从源头上解决问题，所谓"病从口入"。

现在我们给羔羊吃的奶主要有，常乳、异常乳（有抗/无抗）、代乳粉等，有的还采用了酸化乳。

酸化乳：甲酸酸化乳，目的是杀菌。使用甲酸酸化乳会提高羔羊胃肠道中双歧杆菌、结肠巨单胞菌的相对丰度，促进胃肠道中挥发性脂肪酸（乙酸、丙酸）的产生，有益肠道的生长发育，大幅度降低羔羊的腹泻。

4. 粗饲料对羔羊生长发育的影响

羔羊在哺乳期间吃得如何，将会对其采食量、瘤胃发育、体重及日增重等多个方面产生重要的影响。

及时地给羔羊提供优质的粗饲料，避免羔羊吃一些不洁的垫草。经常吃劣质的、不洁的粗饲料会导致羔羊瘤胃粘连。

5. 不同的饲养方式对羔羊的生长健康及行为的影响

奶山羊羔羊适合群养，可以相互学习，竞争采食；群养具有安全感、抱团取暖的舒适感、相互壮胆使应激减少。

6. 羔羊的环境卫生也是提高成活率的关键

初乳和母羊的全血注射能使初生羔羊迅速可靠地建立起被动免疫系统，但并非一劳永逸，仍需努力保持羔羊周围环境的卫生和喂奶饮水器具的洁净。否则，极度肮脏和恶劣的饲养条件亦会使羔羊业已建立的强大被动免疫系统完全失效，羔羊还有可能发病和死亡。另外，因初乳所含母源性抗体与母亲生存环境密切相关，所以饲养新生羔羊的场所应类似其母亲产前的环境，不要有太突然的变动。

7. 当羔羊吃完初乳以后的操作

（有的先把初乳挤出，加热到60℃保持1小时，再冷却到40℃饲养羔羊，以保证不给传染疾病，如脑炎关节炎）及时地将母子分离，然后采用人工哺乳的方法。5日龄开始补充颗粒饲料。

8. 人工哺乳的优点

①减少母源性疾病传染给下一代；

②减少因个别母乳不足、母性较差带给羔羊的伤害；

③防止群养时，哺乳过程中羔羊之间的相互干扰；

④可以因羊施喂，做到定羊、定量、定时、定温、定点的五定原则；

⑤增加人和羔羊之间的亲和力，减少应激发生；

⑥可以做到卫生清洁无污染，防止病从口入。

第十二节　养好奶山羊的关键是解决好粗饲料供应的短板

当前制约我省奶山羊发展的因素很多，比如品种问题，饲草饲料问题，养殖技术问题和疫病防控问题。但是我认为目前最根本的事情是如何解决好奶山羊生产中最实际的困难，就是完善粗饲料的供给。

一、粗饲料在奶山羊生产中的作用

奶山羊是草食动物，粗饲料在奶山羊日粮中的比例可介于40%～100%，对于维持奶山羊的生产性能和健康至关重要。虽然粗饲料中的粗纤维使得其有别于精饲料，能量水平也相对更低。但是，粗纤维在反刍动物的生产、健康及动物福利方面起到了不可替代的作用。

粗纤维的主要作用包括：

①重要的能量来源；

②刺激咀嚼、唾液分泌、反刍、肠道蠕动；

③缓冲瘤胃酸度；

④调控采食量；

⑤产生形成乳脂的前体物质；

⑥形成瘤胃网垫的结构基础（对于瘤胃中饲料颗粒的消化尤为

关键）。

依据消化生理及代谢特点，奶畜的能量主要来自纤维素性饲料（即粗饲料），其不足的部分通过混合精料补充，因此，通常将粗饲料（包括青绿饲料、青贮饲料、干草等）称为奶畜的基础饲料，将混合精料称为精料补充料。

瘤胃内的纤维素利用菌产生纤维素水解酶，能将采食的50%~80%的粗纤维分解转变成碳水化合物和低级脂肪酸(主要是乙酸、丙酸和丁酸)，再经瘤胃上皮细胞吸收。

乙酸是合成乳脂的前体，丙酸是合成葡萄糖的前体，丁酸是胃肠道的主要能量来源。

二、目前粗饲料的来源

一种是农作物茎秆，如玉米秆、麦秸、稻草、红苕秧、花生秧等；另一种是我们的人工种植牧草，苜蓿、黑麦草、高丹草、燕麦草、构树、三叶草、鲁梅克斯草等；第三种是人工调制牧草，青贮、氨化饲草，氨化饲草由于理论和实践的证据不足慢慢不被人们接受。

三、粗饲料供应存在的问题

随着奶山羊养殖规模的扩大，粗饲料需求明显增加，因此粗饲料供给成为奶山羊养殖存在的最大问题。

1. 思想观念的陈旧，始终认为粗饲料就是一把镰刀和箩筐就能解决的问题；

2. 粗饲料商品化程度低，营销体系的不完善；

3. 粗饲料缺乏统一的质量标准，造成品质的不可保证；

4. 粗饲料中各种残留超标限制了粗饲料的供给；

5. 粗饲料体积庞大，贮藏和运输困难，保存和运输费用偏高；

6. 粗饲料营养成分的差异较大，饲料中的配合比例难以掌握。

7. 青贮是一种很好的青绿饲草，但由于近几年羊奶中喹诺酮的残留超标，青贮饲草慢慢地也从奶山羊养殖中逐渐淡出。

四、解决办法

奶山羊产业供给侧结构性改革，关键是要"降低成本，提质增效"。由于在奶山羊生产中日粮占到奶山羊饲养成本的70%以上，而粗饲料占到日粮成本的55%以上，因此，根本的问题还是要解决好粗饲料的供应存在的短板。

1.改变传统的旧思想，把饲草的自给自足转变为商业供给。传统的拴系饲养模式规模小，商品化程度低，可以用一把镰刀解决粗饲料的需要。当奶山羊的养殖规模提高后，粗饲料的供给成为奶山羊养殖场的头等大事，因此必须转变旧的思想，从商品渠道来解决牧场最基本的日粮供给。

2.鼓励适度规模广大养羊户通过自己种植一定量的人工牧草，来缓解粗饲料供应不足。一是自己种植饲草不但能解决粗饲料供应的矛盾，二是青绿饲草良好的适口性，增加了奶山羊对干物质的采食量，提高产奶量；三是人工种植牧草具有一定的价格优势，对于提高奶山羊养殖效益，增加养殖收入，提振养羊积极性；四是人工牧草的种植，大大降低了农药残留的问题，避免了因使用其他途径来源的饲草有害残留带给奶山羊产业不必要的损失。

3.完善饲草供应链，成立地方草业公司。奶山羊规模养殖是近几年才兴起的新兴产业，与其配套的饲草供应在当地还不完善，再加上奶山羊个体小、规模小，对粗饲料的采购量一次性需求不大，加上饲草的体积大，储运不便，对于一个中小型规模的奶山羊养殖场，粗饲料的采购存在一定的困难，因此，成立地方草业公司，集中采购奶山羊必需的粗饲料，是适应中小规模奶山羊养殖的重要举措。

4.规范青贮工作的标准化操作，特别是青贮添加剂的使用，生产出高质量的青贮产品。青贮是草食家畜的青饲料罐头，具有营养丰富，维生素含量高，价格便宜，可以常年稳定供给，是目前大型牧场不可或缺的粗饲料，应该大力推广。但是近几年不明原因造成奶山羊饲喂青贮饲草后，羊奶产品中"奎若酮"残留超标的现象屡屡发生，迫使青贮的使用规模慢慢萎缩，有淡出奶山羊养殖的趋势。如果这个问题不能很好地解决，要想发展规模化奶山羊养殖是非常困难的。

5. 完善粗饲料检测设施，确保粗饲料供应的安全和质量。粗饲料的商品化，急需要检测监督，特别是牧场要想取得很好的经济效益，必须了解饲草的品质和营养含量，要求有一个能够检测粗饲料品质的化验机构，提供市场服务。

同时要调整好青绿饲草供给和干草供给的合理性。青绿饲草适口性好，成本低；而干草成本高，含有物理有效纤维，能够促进反刍和瘤胃健康，是奶山羊不可或缺的饲草。按照"焦老师养羊笔记五四定律"的第四个比例"青绿饲草和干草的搭配比"以保证奶山羊的瘤胃健康，提高粗饲料的消化利用率。

因此，粗饲料是奶山羊养殖的根本保证，只有解决了粗饲料的保障供给，才能保证奶山羊的健康养殖！才能保证奶山羊产业的可持续发展！